电力电缆施工监理

DIANLI DIANLAN SHIGONG JIANLI

江苏省宏源电力建设监理有限公司　组编

中国电力出版社
CHINA ELECTRIC POWER PRESS

内 容 提 要

由于电力电缆线路越来越多地被应用于城市电网,这对电力电缆线路工程监理工作也提出了更高要求。为了规范监理人员的监理工作流程,提高监理水平,适应电缆线路工程建设复杂、快速的发展节奏,圆满高效地完成监理任务,江苏省宏源电力建设监理有限公司组织了在本领域具有丰富经验的专家集中交流、研讨,编写了本书。

本书共 8 章,内容包括电力电缆工程概述,电力电缆线路工程质量验评,工程监理准备工作,材料设备进场检验,电力电缆线路土建工程施工监理,电力电缆接地工程施工监理,电力电缆电气工程施工监理,工程竣工阶段监理。

本书可供从事电力电缆线路工程施工监理工作的技术人员及管理人员使用。

图书在版编目(CIP)数据

电力电缆施工监理 / 江苏省宏源电力建设监理有限公司组编 . —北京:中国电力出版社,2017.9
 ISBN 978-7-5198-1042-9

Ⅰ . ①电… Ⅱ . ①江… Ⅲ . ①电力电缆－施工监理 Ⅳ . ① TM726.4

中国版本图书馆 CIP 数据核字(2017)第 190070 号

出版发行:中国电力出版社
地　　址:北京市东城区北京站西街 19 号(邮政编码 100005)
网　　址:http://www.cepp.sgcc.com.cn
责任编辑:崔素媛(cuisuyuan@gmail.com)
责任校对:王小鹏
装帧设计:赵姗姗
责任印制:杨晓东

印　　刷:北京市同江印刷厂
版　　次:2017 年 9 月第一版
印　　次:2017 年 9 月北京第一次印刷
开　　本:710 毫米 ×980 毫米　16 开本
印　　张:12.5
字　　数:230 千字
印　　数:0001—2000 册
定　　价:48.00 元

编 委 会

前　言

　　随着我国国民经济快速发展以及城市化水平的提高，大量的人口不断涌向城市，城市快速发展对电力的需求逐年上升，城市电网建设飞速发展。由于电力电缆线路较之架空导线线路有占用城市资源少、不影响城市美观、穿越便利等优势，特别在穿越铁路、公路、通航航道等特殊区域的优越性，电力电缆在电网工程建设领域的应用日益广泛。

　　电力电缆线路工程土建结构形式多样，分为电缆隧道、电缆沟道、电缆排管、水平定向钻等不同型式，其中电缆隧道又分为盾构、顶管、明挖电缆隧道等不同结构类型，安装工程包括电力电缆、消防、通信、安防等不同内容。电力电缆线路工程涉及了电力工程、建设工程、交通工程、给排水工程、消防工程等诸多行业标准，给统一工程管理要求造成了诸多困难，因而更加迫切的需要较为完善的监理流程以及技术指导，以保证工程建设的安全质量。

　　江苏省宏源电力建设监理有限公司作为国内大型专业输变电工程监理企业，有多年从事电力电缆线路工程监理工作的丰富经验，已监理的项目几乎包含了所有目前常见的各类电力电缆线路工程类型。在总结了已监理项目的经验基础上，公司组织了本领域具有丰富经验的专家集中交流、研讨，编写了本书。

　　本书共 8 章，内容包括电力电缆工程概述，电力电缆线路工程质量验评，工程监理准备工作，材料设备进场检验，电力电缆线路土建工程施工监理，电力电缆接地工程施工监理，电力电缆电气工程施工监理，工程竣工阶段监理。本书主要对电力电缆线路工程不同土建结构形式、常见地基处理方式及支护形式、电力电缆绝缘形式等进行概述，并明确组建监理项目部、文件编审、人员培训、标准化开工，材料设备进场检验关卡的工作要求；依据工程特点及相关标准编制了质量验评划分表，并以此专业划分，通过监理特点、监理依据、监理流程、监理控制要点等内容进行全面阐述。

本书广泛听取各位总监及专家的意见和建议，取精去糟，多次修订而成，本书的编写也得到了江苏省宏源电力建设监理有限公司领导的大力支持，在此致以诚挚的谢意。

　　由于编者水平有限，行文成书难免存在疏漏欠缺，不足之处恳请各位专家及广大读者批评指正。

编　者

2017 年 06 月

目 录

第 1 章

电力电缆工程概述

随着我国科学技术的进步、城市化建设的发展，电力电缆相比架空输电线路具有运行安全可靠、受天气影响小等特点，电力电缆线路越来越多地运用于城市电力网，尤其是跨江、跨海峡等特殊地区的电网建设中。

1.1 土 建 结 构

电缆线路土建结构主要是指供电力电缆敷设、安装、运行、检修、检查和保护电缆安全运行的构筑物，电力电缆构筑物结构形式多样，主要有电缆隧道、电缆沟道、电缆排管、水平定向钻等，其中电缆隧道根据施工方法不同，可分为盾构电缆隧道、顶管电缆隧道、明挖电缆隧道等类型。

1.1.1 工作井

采用盾构法、顶管法等暗挖法隧道施工时，一般需在暗挖隧道的始端和终端设置工作井（又称竖井）。按竖井的用途，可分为始发竖井和接收竖井，而在竣工后竖井多被用作电力电缆排水、通风等永久性结构。竖井一般设在隧道轴线上，竖井的施工方法较多地采用沉井和挡土墙围护。沉井施工有排水下沉、不排水下沉和气压沉箱工法。常用的挡土墙围护有钢板桩、排桩和地下连续墙工法。

由于沉井的工程造价较低，当附近的地表沉降控制要求不高，开挖深度较浅时，竖井应尽量采用沉井方案。适宜采用沉井法施工的竖井开挖深度 H_0 应视地质条件而定，例如，容易产生流砂的砂质粉土、粉砂、黏质粉土中，或者在坑底难以稳定的淤泥质黏性土中，在实施井点降水及其他辅助施工条件后的 H_0 在 15m 以内；采用不排水下沉的沉井宜控制在 25m 以内；气压沉箱工法可施工更深的竖井。

挡土墙围护分为钢板桩、SMW、地下连续墙等几种工法。其中钢板桩、SMW 工法均是辅以横梁支撑的组合工法；对地下连续墙矩形竖井而言，为横梁支撑；圆形竖井为圆形支撑或无支撑。

1.1.2 盾构隧道

盾构机是一种横断面外形与隧道横断面外形相同、尺寸稍大，其内具有土体开挖、土渣排运、整机推进和管片安装等机具，自身设有保护壳的用于暗挖隧道的机械。

盾构机按开挖面与作业室之间隔墙构造可以分为全敞开式、半敞开式、密闭式三种。半敞开式指的是挤压式盾构机，密封式盾构机是由泥水压力和土压力提供足以使开挖面稳定的压力，又可分为泥水平衡式盾构和土压平衡式盾构。根据开挖形式可将全敞开式分为手掘式、半机械式和机械式三种。盾构的主要类型如图 1-1 所示。

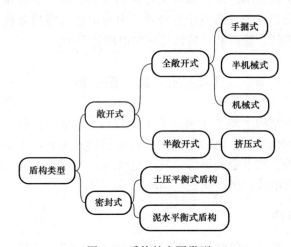

图 1-1　盾构的主要类型

目前常用的盾构为土压平衡式盾构和泥水平衡式盾构。

（1）土压平衡式盾构（Earth Pressure Balance，EPB），需要在压力舱内充满开挖泥土，通过对开挖土体施加压力来平衡开挖面上的土压力和水压力。一般将压力舱内开挖土的状态称为塑性流动状态，从土力学角度分析，这种状态包括 3 个方面的含义：土体不易固结排水，当推力通过隔板传递到压力舱内土体时，如果土体迅速排水固结，就会在压力舱内形成固结土饼，土水分离会影响压力舱内土体的循环和排土，因此，土体要保持为不易固结排水的状态；土体处于流塑状态，压力舱内的土体处于高含水率，土的强度较低而易于翼板的搅拌，这一流塑状态可保证土体受到挤压时向螺旋排土器内发生塑性流动，而顺利完成排土，这就是所谓的"挤牙膏"效应；土体具有不透水性，只有压力舱的土体具有足够的不透水性，才能保证维持开挖面上的水压力，同时也能防止从排土口发生喷涌现象。

土压平衡盾构是在机械式盾构的前部设置隔板，使土仓和排土用的螺旋输送机内充满切削下来的泥土，依靠推进油缸的推力给土仓内的开挖土渣加压，使土压作用于开挖面以使其稳定。土压平衡盾构的支护材料是土体本身。

（2）泥水平衡式盾构，是通过压力舱内泥水的压力，泥水的特性来控制开挖面维持稳定的，泥浆对开挖面的稳定性作用主要有：通过一定压力注入开挖面的泥浆会在开挖面上形成一个难透水的泥膜或渗透壁，在泥膜两侧围岩内的水压力，土压力通过泥浆压力得到平衡从而有效地维持开挖面的稳定性。泥浆微粒子向开挖面前方渗透可增加土的黏聚力，对开挖面的稳定有利。

1.1.3 顶管隧道

顶管施工是用顶管机在地下挖土，同时借助于设在工作井或中继间中油缸的推力，把顶管机及其随后的管片，一节节地从始发井顶推到接收井中的一种非开挖敷设地下管线的施工方法。顶管隧道施工示意图如图 1-2 所示。

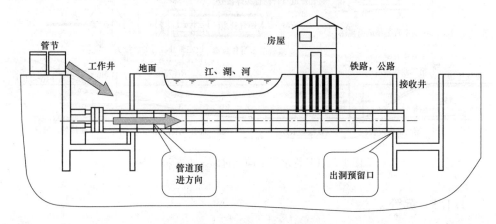

图 1-2 顶管隧道施工示意图

目前常用的顶管机有泥水平衡顶管机和土压平衡顶管机两种。顶管机是一个设有各种挖土机械的特殊管节。在这个特殊管节内安装有机械挖土装置，并且用泥水压力来平衡土压力和地下水压力，同时又采用泥水来输送弃土的，则被称之为泥水平衡顶管机。在这个特殊管节内安装有机械挖土体装置，并且用土仓内泥土的压力来平衡土压力和地下水压力，同时又采用螺旋输送机来排出弃土的，则称之为土压平衡顶管机。

泥水平衡顶管的特点是平衡的精度比较高、施工的速度比较快，适用于覆土深度大于 1.5 倍管外径且透水系数不太大的砂质土和黏土，不适用于透水系数大的砂卵石。

土压平衡顶管施工与泥水平衡顶管施工相比，最大的特点是排出的土或泥浆一般都不需要再进行泥水分离等二次处理，同时具有适应土质范围广和不需要采用任何其他辅助施工手段的优点。

1.1.4 水平定向钻

水平定向钻是工程技术行业的一种管道施工工艺，根据事先设计好的管线铺设路径，由定向钻设备驱动钻头从地面钻入，地面仪器接受由地下钻头内的传送器发出的信息，控制钻头按照预定的轨迹前进，直至到达目的地，然后卸下钻头更换适当尺寸和特殊类型的回程扩孔器，使之能够在拉回钻杆的同时将钻孔扩大至所需直径，最后将所需敷设的管线返程牵回钻孔入口处，管线回拖结束后在进行管道内电缆敷设。PE 管水平定向钻进施工方案示意图如图 1-3 所示。

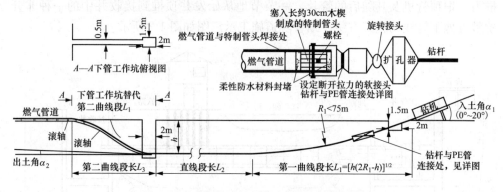

图 1-3　PE 管水平定向钻进施工方案示意图

1.1.5 沉管

沉管法是预制管段沉放法的简称，是在水底建筑隧道的一种施工方法。其施工顺序是先在指定场所制作隧道管段（钢管、钢筋混凝土），管段两端用临时封墙密封后滑移下水，使其浮在水中，再拖运到隧道设计位置。定位后，向管段内加载，使其下沉至预先挖好的水底沟槽内。管段沉放完成后两侧近岸管节焊接，使各节管段连通成为整体的隧道。在其顶部和外侧用块石（混凝土）覆盖，以保安全。

1.1.6 明挖隧道

明挖法是先将隧道部分的岩土体全部挖除（必要时先施工支护体系），然后施工隧道的底板、墙板、顶板形成封闭通道，再进行回填的施工方法。

明挖电缆隧道可容纳较多数量的电缆，并有供安装和巡视的通道，有通风、排水、照明等附属设施。电缆敷设在隧道中具有安全可靠、运行维护检修方便、电缆线路输送容量大等优点，因此在城市负荷密集区、市中心区及变电站进出线区经常采用电缆隧道敷设。

1.1.7 明挖沟道

明挖电缆沟道与电缆隧道的主要区别是电缆沟道的结构尺寸低、宽度比较大，上面是敞口的安装沟盖板，沟的顶部基本与地面相平。电缆沟道结构及施工与电缆隧道基本相同。电缆隧道、电缆沟道如图 1-4 所示。

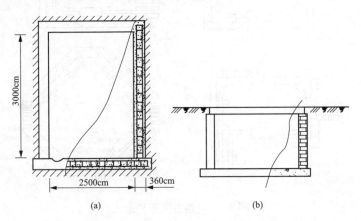

图 1-4 电缆隧道、电缆沟道示意图
（a）电缆隧道；（b）电缆沟道

1.1.8 排管

排管是用来敷设电缆的通道。通常将排管段岩土清除后，浇筑混凝土底板，然后排管放置在预制管枕上，通过浇筑混凝土包封，保护电缆免受外部损伤。电缆排管可用塑料管、陶土管或石棉水泥管。电缆排管可敷设电缆群，用于电力电缆密集地区并与电缆井配合使用。电缆排管如图 1-5 所示。

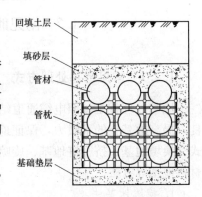

图 1-5 电缆排管结构断面示意图

1.1.9 电缆井

电缆井是配合地下管道，作为远距离地埋供电使用的，作为线路的安装及检修电缆井必不可少。电缆井的作用是供施工人员、运行人员安装、检查电缆的出入口、电缆敷设的操作口、电缆接头制作布放的场所以及电缆引出与设备、架空线连接的通道。电缆井也可以作为管道电缆的集水井，集水井上应由金属箅子及井盖。电缆井一般在两端电缆敷设前或敷设后砌筑，其施工质量按设计要求监督验收，电缆井盖应密封，并具有一定强度和防水性能。电缆井的四种形式如图1-6所示。

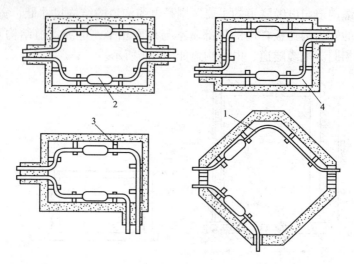

图1-6　电缆井的四种形式
1—电缆；2—电缆中间接头；3—电缆支架；4—电缆井

1.2　常见地基处理方式及支护形式

1.2.1　常见地基处理方式

地基处理就是按照电缆通道结构对地基的要求，对地基进行必要的加固和改良，提高地基土的承载力，保证地基稳定，减少不均匀沉降。常见的地基处理方式有换填地基、挤密桩地基、旋喷桩复合地基、注浆加固、预压地基、土工合成材料地基等方法。

1. 换填地基法

当电缆通道构筑物基础下的持力层比较软弱，不能满足上部荷载对地基的要求时，常采用换填地基法处理软弱地基。换填地基法是先将地基底面以下一定范围内的软弱地层挖去，然后，回填强度较高、压缩性较低、并且没有侵蚀性的材料，如中粗砂、碎石或卵石、灰土、素土、石屑、矿渣等，再分层夯实后作为地基的持力层。换填地基按其回填的材料可分为灰土地基、砂和砂石地基、粉煤灰地基等。

（1）灰土地基。灰土地基是将基础底面下要求范围内的软弱土层挖去，用一定比例的石灰与土，在最优含水量情况下，充分拌和，分层回填夯实或压实而成。适用于加固深 1～4m 厚的软弱土、湿陷性黄土、杂填土等，还可用作结构的辅助防渗层。

（2）砂和砂石地基。砂和砂石地基（垫层）系采用砂或砂砾石（碎石）混合物，经分层夯（压）实，作为地基的持力层，提高基础下部地基强度，并通过垫层的压力扩散作用，降低地基的压应力，减少变形量；同时，垫层可起到排水作用，地基中孔隙水可通过垫层快速地排出，能加速下部地层的沉降和固结。适于处理 3m 以内的软弱、透水性强的黏性土地基，包括淤泥、淤泥质土；不宜用于加固湿陷性黄土地基及渗透系数小的黏性地基。

（3）粉煤灰地基。粉煤灰是火力电厂的工业废料，有良好的物理力学性能，用它作为处理软弱土层的换填材料，已在许多地区得到应用。它可用于各种软弱土层换填地基的处理，以及作大面地坪的垫层等。

2. 水泥土搅拌桩地基

水泥土搅拌桩地基是利用水泥作为固化剂，通过深层搅拌机在地基深部，就地将软土和固化剂（浆体或粉体）强制拌和，利用固化剂和软土发生一系列物理、化学反应，使其凝结成具有整体性、水稳性好和较好强度的水泥加固体，与天然地基形成复合地基。

3. 旋喷注浆桩地基

旋喷注浆桩地基简称旋喷桩地基，是利用钻机把带有特殊喷嘴的注浆管钻进至土层的预定位置后，用高压脉冲泵，将水泥浆液通过钻杆下端的喷射装置，向四周以高速水平喷入土体，借助流体的冲击力切削土层，使喷流射程内土体遭受破坏；与此同时，钻杆一面以一定的速度（20r/min）旋转，一面低速（15～30cm/min）徐徐提升，使土体与水泥浆充分搅拌混合，胶结硬化后即在地基中形成直径比较均匀、具有一定强度（0.5～8.0MPa）的圆柱体（称为旋喷桩），从而使地基得到加固。

1.2.2　常见基坑周边支护形式

基坑周边的围护结构直接承受基坑施工阶段侧向土压力和水压力，并将此压力传递到支撑体系。在基坑工程实践中，周边支护结构形成了多种成熟的类型（见图 1-7），且周边支护结构的选用直接关系到工

基坑周边支护结构类型
- 土钉墙
- 水泥土重力式挡土墙
- 地下连续墙
- 排桩灌注桩围护墙
- 型钢水泥土搅拌桩（SMW工法桩）
- 钢板桩支护
- 钢筋混凝土板桩围护墙

图 1-7　常用支护结构的类型

程的安全性、工期和造价，而对于每个基坑而言，其工程规模、周边环境、工程水文地质条件以及业主要求等也各不相同，因此在基坑周围围护结构设计中需根据每个工程特性和每种围护结构的特点综合考虑各种因素，合理选用周边支护结构类型。

1. 地下连续墙

（1）特点。

在工程应用中地下连续墙已被公认为是深基坑工程中最佳的挡土结构之一，它具有如下的优点：

1）施工具有低噪声、低震动等优点，工程施工对环境的影响小。

2）刚度大、整体性好，基坑开挖过程中安全性高，支护结构变形较小。

3）墙身具有良好的抗渗能力，坑内降水时对坑外的影响较小。

但地下连续墙存在弃土和废泥浆处理、粉砂地层易引起槽壁坍塌及渗漏等问题，因此需采取相关的措施来保证连续墙施工的质量。

（2）适用条件。

由于受到施工机械的限制，地下连续墙的厚度具有固定的模数，不能像灌注桩一样对桩径和刚度进行灵活调整，因此，地下连续墙只有用在一定深度的基坑工程或其他特殊条件下才能显示其经济型和特有的优势。对地下连续墙的选用必须经过技术经济比较，确实认为是经济合理时才可采用。一般情况下地下连续墙适用于如下条件的基坑工程：

1）深度较大的基坑，一般开挖深度大于10m才有较好的经济性。

2）邻近存在保护要求较高的建、构筑物，对基坑本身的变形和防水要求较高的工程。

3）基坑施工范围内空间有限，基坑边缘与红线距离极近，采用其他围护形式无法满足留设操作空间要求的工程。

4）围护结构亦作为主体结构的一部分，且对防水、抗渗有较严格要求的工程。

5）在电缆隧道暗挖工程始发井、接收井等超深基坑中，例如30～50m的深基坑工程，采用其他围护结构无法满足要求时，常采用地下连续墙作为围护体。

（3）结构形式。

目前在工程中应用的地下连续墙的槽段形式主要有壁板式、T形和Ⅱ形等（如图1-8所示），并可通过将各种形式槽段组合形成格形、圆筒形等结构形式。

1）壁板。该形式又可分为直线壁板式［如图1-8（a）所示］和折线壁板式［如图1-8（b）所示］，折线壁板式多用于模拟弧形段和转角位置。壁板式在地下连续墙工程中应用最为广泛，适用于各种直线段和圆弧段墙段。例如，在江岛（江心洲）110kV变电站送电工程直径17.6m的圆筒形基坑地下连续墙设计中，就采用了 10 幅深度 54m 直线壁板式地下连续墙来模拟圆弧段。

2）T 形和 Π 形地下连续墙。T 形［如图 1-8（c）所示］和 Π 形［如图 1-8（d）所示］适用于基坑开挖深度较大、支撑竖向间距较大、受到条件限制墙厚无法增加的情况下，采用加肋的方式增加墙体的抗弯刚度。

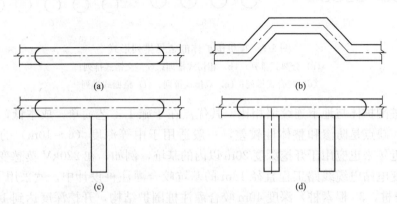

图 1-8　地下连续墙平面结构形式
（a）直线壁板式；（b）折线壁板式；（c）T 形；（d）Π 形

2. 灌注桩排桩围护体支护

（1）排桩围护体。

排桩支护是利用常规的各种桩体，例如钻孔灌注桩、挖孔桩、预制桩及混合式桩等在平面布置上采用不同排列形式形成挡土结构，排桩围护体常见排列形式如图 1-9 所示。

其中，分离式排列适用于地下水较深、土质较好的情况。在地下水位较高时应与其他防水措施结合使用，例如在排桩后面另行设置止水帷幕。一字形相切或搭接排列式，往往因在施工中桩的垂直度不能保证及桩体扩颈等原因影响桩体搭接施工，从而达不到防水要求。当为了增大排桩围护体的整体抗弯刚度时，可把桩体交错排列，如图 1-9（c）所示。有时因场地狭窄等原因，无法同时设置排桩和止水帷幕时，可采用桩与桩之间咬合的形式，形成可起到止水作用的排桩围护体，如图 1-9（d）所示。相对于交错排列，当需要进一步增大排桩的整体抗弯刚度和抗侧移能力时，可将桩设置成为前后双排，将前后排桩桩顶的帽梁用横向连梁连接，就形成了双排门架式挡土结构，如图 1-9（e）所示。有时还将双排桩式排桩进一步发展为格栅式排列，在前后排桩之间每隔一定的距离设置横隔式的桩墙，以寻求进一步增大排桩的整体抗弯刚度和抗侧移能力设置。

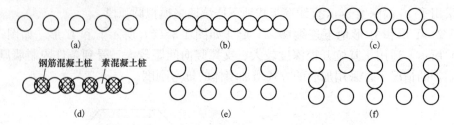

图 1-9　排桩围护体的常见排列形式

(a) 分离式排列；(b) 相切式排列；(c) 交错式排列；

(d) 咬合式排列；(e) 双排式排列；(f) 格栅式排列

　　排桩围护体与地下连续墙相比，其优点在于施工工艺简单，成本低，平面布置灵活，缺点是防渗和整体性较差，一般适用于中等深度（6～10m）的基坑围护。但近年来也应用于开挖深度 20m 以内的基坑，例如，在 220kV 莫愁变电站—宁海路变电站电缆线路工程直径 18m 的基坑咬合灌注桩设计中，就采用了 76 根（38 根荤桩，38 根素桩）深度 40m 咬合灌注桩围护结构，开挖深度达到 18m。采用分离式、交错式排列以及双排列形式时，当需要隔离地下水时，需要另行设置止水帷幕，止水帷幕防水效果好坏，直接关系到基坑工程的成败。

　　（2）咬合式灌注桩排桩围护。

　　咬合桩采用了钢筋混凝土和素混凝土桩切割咬合成排桩的形式，构成相互之间咬合的桩墙，桩与桩之间可一定程度上传递剪应力。因此，在桩墙受力和变形时，素混凝土桩与配筋混凝土桩起到共同作用的效果。在场地狭窄，无法同时设置排桩和隔水帷幕时，可采用该形式。咬合桩构造如图 1-10 所示。

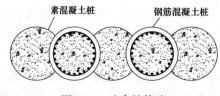

图 1-10　咬合桩构造

　　1）特点。受力结构和隔水结构合一，占用空间较小；整体刚度较大，防水性能较好；施工速度较快，工程造价较低。施工中可干孔作业，无须排放泥浆，机械设备噪声低，振动少，对环境污染小；对成桩垂直度要求较高，施工难度高。

　　2）适用条件。适用于淤泥、流砂、地下水富集的软土地区；适用于邻近建构筑物对降水、地面沉降较敏感等环境保护要求较高的基坑工程。

　　其中，素桩采用超缓凝型混凝土先浇筑，在素桩混凝土初凝前利用套管钻机的切割能力切割掉相邻素混凝土桩相交部分的混凝土，然后浇筑钢筋混凝土桩（荤桩）。咬合桩施工工艺流程如下：

　　如图 1-11 所示，对一排咬合桩，其施工流程为 A1→A2→B1→A3→B2→A4→B3，如此类推。

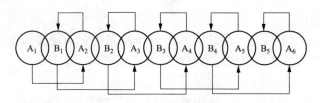

图 1-11 咬合桩施工流程

3. 型钢水泥土搅拌桩（SMW 工法桩）

型钢水泥土搅拌桩墙（如图 1-12 所示），通常称为 SMW（Soil Mixed Wall）工法，是一种在连续套接的三轴水泥土搅拌桩内插入型钢形成的复合挡土隔水结构。即利用三轴搅拌桩钻机在原地层中切削土体，同时钻机前端低压注入水泥浆液，与切碎土体充分搅拌形成截水性较高的水泥土柱列式挡墙，在水泥土浆液尚未硬化前插入型钢的一种地下工程施工技术。

型钢水泥土搅拌墙是基于深层搅拌桩施工工艺发展起来的，这种结构充分发挥了水泥土混合体和型钢的力学特征，具有经济、工期短、高截水性、对周围环境影响小等特点。型钢水泥土搅拌桩围护结构在主体结构施工完成后，可以将 H 型钢从水泥土中拔出，达到回收和再次利用的目的。因此该工法工期短，施工

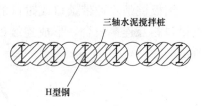

图 1-12 型钢水泥土搅拌桩墙

过程无污染，场地整洁干净、噪声小，实现资源的可持续利用，推广使用该工法更加具有现实意义。

（1）特点。

1）受力结构与隔水帷幕合一，围护体占用空间小。

2）围护体施工对周围环境影响小。

3）采用套接一孔施工，实现了相邻桩体完全无缝衔接，墙体防渗性能好。

4）三轴水泥搅拌桩施工过程无须回收处理泥浆，且基坑施工完毕后型钢可回收，环保节能。

5）适用土层范围较广，还可以用于较硬质地层。

6）工艺简单、成桩速度快，围护体施工工期短。

7）在地下室施工完毕后型钢可拔除，实现型钢的重复利用，经济性较好。

8）仅在基坑开挖阶段用作临时围护体，在主体结构施工平面位置、埋置深度确定后即有条件设计、实施。

9）由于型钢拔除后在搅拌桩中留下的孔隙需采取注浆等措施进行回填，特别是邻近变形敏感的建构筑物时，对回填质量要求较高。

（2）适用条件。

1）从黏性土到砂性土，从软弱的淤泥和淤泥质土到较硬、较密实的砂性土，甚至在含有砂卵石的地层中经过适当的处理都能够进行施工。

2）软土地区一般用于开挖深度不大于13.0m的基坑工程。

3）适用于施工场地狭小，或距离用地红线、建筑物等较近时，采用排桩结合隔水帷幕体系无法满足空间要求的基坑工程。

4）型钢水泥土搅拌桩墙的刚度相对较小，变形较大，在对周边环境保护要求较高的工程中，例如基坑紧邻运营中的地铁隧道、历史保护建筑、重要地下管线时，应慎重选用。

5）当基坑周边环境对地下水位变化较为敏感，搅拌桩桩身范围内大部分为砂（粉）性土等透水性较强的土层时，应慎重选用。

4. 钢板桩支护

钢板桩是一种带锁口或钳口的热轧（或冷弯）型钢，钢板桩打入后靠锁口或钳口相互连接咬合，形成连续的钢板桩围护墙，用来挡土和挡水。如图1-13所示。

图1-13　钢板桩围护墙平面图

（1）特点。

1）具有轻型、施工快捷的特点。

2）基坑施工结束后钢板桩可拔除，循环利用，经济性较好。

3）在防水要求不高的工程中，可采用自身防水。在防水要求高的工程中，可另行设置隔水帷幕。

4）钢板桩抗侧强度相对较小，变形较大。

5）钢板桩打入和拔除对土体扰动较大。钢板桩拔出后需对土体中留下的孔隙进行回填处理。

（2）适用条件。

1）由于其刚度小，变形大，一般适用于开挖深度不大于7m，周边环境保护要求不高的基坑。

2）由于钢板桩打入和拔除对周边环境影响较大，邻近对变形敏感建筑物的基坑工程不宜采用。

1.3　电力电缆绝缘形式

电力电缆的绝缘层应具有良好的绝缘性能，一定的耐热性和稳定性。电力电缆的绝缘层用来使用多芯导体间及导体与护套间相互隔离保证一定的电气耐压强度，绝缘层的厚度与工作电压有关，一般来说电压越高，绝缘层厚度也就越厚。按绝缘材料不同，电力电缆可分为油纸绝缘电缆、挤包绝缘电缆和压力电缆三大类。

1. 油纸绝缘电缆

油纸绝缘电缆是绕包绝缘纸带后浸渍绝缘剂（油类）作为绝缘的电缆。

根据浸渍剂不同，油纸绝缘电缆可以分为黏性浸渍纸绝缘电缆和不滴流浸渍纸绝缘电缆两类。二者结构完全一样，制造过程除浸渍工艺有所不同外，其他均相同。不滴流电缆的浸渍剂黏度大，在工作温度下不滴流，能满足高差较大的环境（如矿山、竖井等）使用。

按绝缘结构不同，油纸绝缘电缆主要分为统包绝缘电缆、分相屏蔽电缆和分相铅包电缆。

（1）统包绝缘电缆，又称带绝缘电缆。统包绝缘电缆，是在每相导体上分别绕包部分带绝缘后，加适当填料经绞合成缆，再绕包带绝缘，以补充其各相导体对地绝缘厚度，然后挤包金属护套。

统包绝缘电缆结构紧凑，节约原材料，价格较低。缺点是内部电场分布很不均匀，电力线不是径向分布，具有沿着纸面的切向分量。所以这类电缆又称非径向电场型电缆。由于油纸的切向绝缘强度只有径向绝缘强度的 $1/10 \sim 1/2$，所以统包绝缘电缆容易产生移滑放电。因此这类电缆只能用于 10kV 及以下电压等级。

（2）分相屏蔽电缆和分相铅包电缆。分相屏蔽电缆和分相铅包电缆的结构基本相同，这两种电缆是在每相绝缘芯制好后，包覆屏蔽层或挤包铅套，然后再成缆。分相屏蔽电缆在成缆后挤包一个三相共用的金属护套，使各相间电场互不相关，从而消除了切向分量，其电力线沿着绝缘芯径向分布，所以这类电缆又称径向电场型电缆。径向电场型电缆的绝缘击穿强度比非径向型要高得多，多用于 35kV 电压等级。

2. 挤包绝缘电缆

挤包绝缘电缆又称固体挤压聚合电缆，它是以热塑性或热固性材料挤包形成绝缘的电缆。目前，挤包绝缘电缆有聚氯乙烯（PVC）电缆、聚乙烯（PE）电缆、交联聚乙烯（XLPE）电缆和乙丙橡胶（EPR）电缆等，这些电缆使用在不同的电压等级上。

交联聚乙烯电缆是 20 世纪 60 年代以后技术发展最快的电缆品种，与油纸绝缘电缆相比，在加工制造和敷设应用方面有不少优点，其制造周期较短，效率较高，安装工艺较为简便，导体工作温度可以达到90℃。由于制造工艺的不断改进，如用干式交联取代早期的蒸气交联，采用悬链式和立式生产线使得110～220kV高压交联聚乙烯电缆产品具有优良的电气性能，能满足城市电网建设和改造的需要。目前在220kV及以下电压等级的输电线路中，交联聚乙烯电缆已逐步取代了油纸绝缘电缆。

3. 压力电缆

压力电缆是在电缆中充以能流动并具有一定压力的绝缘油或气体的电缆。在制造和运行过程中，油纸绝缘电缆的纸层间不可避免的会产生气隙。气隙在电场强度较高时会出现游离放电，最终导致绝缘层击穿。压力电缆的绝缘处在一定压力（油压或气压）下，抑制了绝缘层中气隙的形成，使电缆绝缘工作场强明显提高。压力电缆可用于63kV及以上电压等级的电缆线路。

为了抑制气隙，用带压力的油或气体填充绝缘，是压力电缆的结构特点。按填充压缩气体与油的措施不同，压力电缆可分为自容式充油电缆、充气电缆、钢管充油电缆和钢管充气电缆等。

1.4　主要施工机具及电缆耐压试验设备

电力电缆线路通道结构形式多种多样，构筑物的施工机具根据设计结构不同要求按建筑行业有关施工机具配置，以及电缆敷设、电缆结构主要施工机具。详见表1-1～表1-4。

表 1-1　　　　　　　　　　盾构施工主要机械设备表

序号	设备名称	单位	数量	用途
1	土压（泥水）平衡盾构机	台	1	掘进施工
2	A液拌制设备	套	1	A液拌制
3	B液拌制设备	套	1	B液拌制
4	泡沫液拌制设备	套	1	泡沫液拌制
5	膨润土液拌制设备	套	1	膨润土液拌制
6	轴流式风机	套	1	隧道通风
7	多级清水泵	套	3	清水加压
8	盾构后续台车	套	7	提供动力
9	充电机	套	2	充电
10	蓄电池组	套	12	为电瓶车供电
11	电瓶机车组	套	6	隧道水平运输
12	吊机设备	台	1	垂直运输

表 1-2　　　　　　　　　　顶管施工主要机械设备表

序号	设备名称	单位	数量	用途
1	吊机设备	台	2	吊运顶管设备材料
2	顶管机（泥水、土压平衡）	套	1	顶进施工
3	电动空气压缩机	套	1	进出洞开凿
4	主顶动力站	台	1	顶进设施
5	液压千斤顶	只	计算确定	提供顶力
6	注浆泵	台	3	顶进注浆设备
7	高扬程砂砾泵	台	3	顶进排泥设备
8	管道泵	台	10	顶进进水、排泥设备
9	潜水排污泵	台	2	井内抽水
10	电焊机	台	2	焊接加固管件

表 1-3　　　　　　　　　　水平定向钻施工主要机械设备表

序号	设备名称	单位	数量	用途
1	定向钻机	台	1	施工
2	导向仪	套	1	轨迹控制
3	泥浆回收系统	套	1	泥浆回收利用
4	高压泥浆泵站	台	1	泥浆循环
5	钻杆	米	1	连接钻具
6	钻头	套	1	导向孔施工
7	扩孔器	套	1	切削、掘进
8	泥浆混配器	套	1	泥浆制造
9	吊管机	台	1	管道吊装
10	电焊机	台	1	管道焊接
11	半自动切割机	台	1	管道对口修理
12	对口器	台	1	管道对口连接
13	热熔焊接器	套	1	集束管道连接
14	陀螺仪	套	1	轨迹复测

表 1-4　　　　　　　　　电缆耐压设备主要机械设备表

序号	名称	型号及规格	单位	数量	备注
1	验电笔		副	若干	
2	接地线（注意电压等级和携带数量）		副	若干	
3	绝缘绳		条	若干	
4	绝缘梯		把	若干	
5	绝缘杆		根	若干	

续表

序号	名称	型号及规格	单位	数量	备注
6	绝缘手套		双	若干	
7	安全围网（栏）		个	若干	
8	发电机或发电车	ECO-37-2S/4	只/辆	1	
9	温湿度计		只	1	
10	绝缘小线、裸铜线		条	若干	
11	绝缘高压线（加压用）		条	1	裸铜导线
12	接地棒		副	2	
13	5000V 及以上绝缘电阻表	HVM5000 绝缘电阻测试仪	只	1	
14	数字万用表		只	1	
15	变频谐振耐压设备	WRV-260kV/83A 变频谐振试验系统	套	1	
16	测量电缆段长设备	HDTDR-200 波反射法电缆故障定位仪	套	1	

第 2 章

电力电缆线路工程质量验评

2.1 电缆构筑物工程质量验评划分

电缆构筑物工程质量验评划分见表 2-1。

表 2-1   电缆构筑物工程质量验评划分表

工程编号						工程名称	验收单位				
单位工程	子单位工程	分部工程	子分部工程	分项工程	检验批		施工单位	勘察单位	设计单位	监理单位	建设单位
1						电缆构筑物工程	√	√	√	√	√
1	1					电缆排管	√	√	√	√	√
1	1	1				地基工程	√	√	√	√	
1	1	1	1			定位及高程控制	√			√	
1	1	1	1	1		定位及高程控制	√			√	
1	1	1	1	1	1	定位及高程控制	√				
1	1	1	2			土石方工程	√	√	√	√	
1	1	1	2	1		土石方开挖	√			√	
1	1	1	2	1	1	土方开挖	√			√	
1	1	1	2	1	2	石方爆破开挖	√			√	
1	1	1	2	2		土方回填	√			√	
1	1	1	2	2	1	土方回填	√			√	
1	1	1	3			基坑支护	√	√	√	√	
1	1	1	3	1		重复使用钢板桩支护	√			√	
1	1	1	3	1	1	重复使用钢板桩支护	√			√	
1	1	1	3	2		水泥土桩墙支护	√			√	
1	1	1	3	2	1	水泥土桩墙支护	√			√	
1	1	1	3	3		锚杆及土钉墙支护	√			√	
1	1	1	3	3	1	锚杆及土钉墙支护	√			√	
1	1	1	3	4		混凝土灌注桩成孔	√			√	
1	1	1	3	4	1	成孔	√			√	

工程编号						工程名称	验收单位				
单位工程	子单位工程	分部工程	子分部工程	分项工程	检验批		施工单位	勘察单位	设计单位	监理单位	建设单位
1	1	1	3	5		混凝土灌注桩钢筋	√			√	
1	1	1	3	5	1	钢筋加工	√			√	
1	1	1	3	5	2	混凝土灌注桩钢筋笼	√			√	
1	1	1	3	6		混凝土灌注桩	√			√	
1	1	1	3	6	1	混凝土原材料及配合比设计	√			√	
1	1	1	3	6	2	混凝土灌注施工	√			√	
1	1	1	3	6	3	混凝土灌注桩	√			√	
1	1	1	3	7		高压喷射注浆	√			√	
1	1	1	3	7	1	高压喷射注浆	√			√	
1	1	1	3	8		地下连续墙导墙	√			√	
1	1	1	3	8	1	地下连续墙导墙	√			√	
1	1	1	3	9		地下连续墙成槽（开挖）	√			√	
1	1	1	3	9	1	地下连续墙成槽（开挖）	√			√	
1	1	1	3	10		地下连续墙钢筋	√			√	
1	1	1	3	10	1	钢筋加工	√			√	
1	1	1	3	10	2	钢筋笼制作	√			√	
1	1	1	3	11		地下连续墙混凝土	√			√	
1	1	1	3	11		混凝土浇注施工	√			√	
1	1	1	3	12		咬合桩导墙	√			√	
1	1	1	3	13	1	咬合桩导墙	√			√	
1	1	1	3	14		咬合桩成孔	√			√	
1	1	1	3	14	1	咬合桩成孔	√			√	
1	1	1	3	15		咬合桩钢筋笼	√			√	
1	1	1	3	15	1	钢筋加工	√			√	
1	1	1	3	15	2	钢筋笼制作	√			√	
1	1	1	3	16		咬合桩混凝土	√			√	
1	1	1	3	16	1	混凝土浇注施工	√			√	
1	1	1	3	17		降水与排水	√			√	
1	1	1	3	17	1	降水与排水	√			√	
1	1	1	4			地基处理	√	√	√	√	
1	1	1	4	1		灰土地基	√			√	
1	1	1	4	1	1	灰土地基	√			√	

续表

工程编号						工程名称	验收单位				
单位工程	子单位工程	分部工程	子分部工程	分项工程	检验批		施工单位	勘察单位	设计单位	监理单位	建设单位
1	1	1	4	2		砂和砂石地基	√			√	
1	1	1	4	2	1	砂和砂石地基	√			√	
1	1	1	4	3		砂桩地基	√			√	
1	1	1	4	3	1	砂桩地基	√			√	
1	1	1	4	4		高压喷射注浆地基	√			√	
1	1	1	4	4	1	高压喷射注浆地基	√			√	
1	1	1	4	5		注浆地基	√			√	
1	1	1	4	5	1	注浆地基	√			√	
1	1	1	4	6		水泥粉煤灰碎石桩复合地基	√			√	
1	1	1	4	6	1	水泥粉煤灰碎石桩复合地基	√			√	
1	1	1	4	7		水泥土搅拌桩地基	√			√	
1	1	1	4	7	1	水泥土搅拌桩地基	√			√	
1	1	1	5			桩基工程	√	√	√	√	
1	1	1	5	1		静力压桩	√			√	
1	1	1	5	1	1	静力压桩	√			√	
1	1	1	5	2		先张法预应力管桩	√			√	
1	1	1	5	2	1	先张法预应力管桩	√			√	
1	1	1	5	3		混凝土预制桩	√			√	
1	1	1	5	3		成品混凝土预制桩	√			√	
1	1	1	5	3		混凝土预制桩施工	√			√	
1	1	1	5	4		钢桩	√			√	
1	1	1	5	4		成品钢桩	√			√	
1	1	1	5	4		钢桩施工	√			√	
1	1	1	5	5		混凝土灌注桩成孔	√			√	
1	1	1	5	5	1	成孔	√			√	
1	1	1	5	6		混凝土灌注桩钢筋	√			√	
1	1	1	5	6	1	钢筋加工	√			√	
1	1	1	5	6	2	混凝土灌注桩钢筋笼	√			√	
1	1	1	5	7		混凝土灌注桩	√			√	
1	1	1	5	7	1	混凝土原材料及配合比设计	√			√	
1	1	1	5	7	2	混凝土灌注施工	√			√	
1	1	1	5	7	3	混凝土灌注桩	√			√	

续表

单位工程	子单位工程	分部工程	子分部工程	分项工程	检验批	工程名称	施工单位	勘察单位	设计单位	监理单位	建设单位
1	1	2				直埋电缆排管结构工程	√		√	√	
1	1	2	1			电缆排管结构	√		√	√	
1	1	2	1	1		垫层	√			√	
1	1	2	1	1	1	垫层	√			√	
1	1	2	1	2		排管模板	√			√	
1	1	2	1	2	1	直埋电缆排管模板安装	√			√	
1	1	2	1	2	2	直埋电缆排管模板拆除	√			√	
1	1	2	1	3		排管钢筋	√			√	
1	1	2	1	3	1	钢筋加工	√			√	
1	1	2	1	3	2	钢筋安装	√			√	
1	1	2	1	4		直埋电缆排管混凝土	√			√	
1	1	2	1	4	1	直埋电缆排管混凝土原材料及配合比设计	√			√	
1	1	2	1	4	2	直埋电缆排管混凝土施工	√			√	
1	1	2	1	4	3	直埋电缆排管混凝土结构外观及尺寸偏差	√			√	
1	1	2	2			电缆检修井结构	√		√	√	
1	1	2	2	1		垫层	√			√	
1	1	2	2	1	1	垫层	√			√	
1	1	2	2	2		电缆检修井模板	√			√	
1	1	2	2	2	1	电缆检修井模板安装	√			√	
1	1	2	2	2	2	模板拆除	√			√	
1	1	2	2	3		电缆检修井钢筋	√			√	
1	1	2	2	3	1	电缆检修井钢筋加工	√			√	
1	1	2	2	3	2	电缆检修井钢筋安装	√			√	
1	1	2	2	4		电缆检修井混凝土	√			√	
1	1	2	2	4	1	混凝土原材料及配合比设计	√			√	
1	1	2	2	4	2	混凝土施工	√			√	
1	1	2	2	4	3	混凝土结构外观及尺寸偏差	√			√	
1	1	3				电缆检修井装饰装修	√		√	√	
1	1	3	0								
1	1	3	0	1		抹灰	√			√	
1	1	3	0	1	1	一般抹灰	√			√	
1	1	4				电缆检修井盖板制作、安装	√		√	√	

工程编号						工程名称	验收单位				
单位工程	子单位工程	分部工程	子分部工程	分项工程	检验批		施工单位	勘察单位	设计单位	监理单位	建设单位
1	1	4	1			盖板制作	√		√	√	
1	1	4	1	1		现浇混凝土盖板模板安装	√			√	
1	1	4	1	1	1	现浇混凝土盖板模板安装	√			√	
1	1	4	1	1	2	现浇混凝土盖板模板拆除	√			√	
1	1	4	1	2		现浇混凝土盖板钢筋	√			√	
1	1	4	1	2	1	钢筋加工	√			√	
1	1	4	1	2	2	钢筋安装	√			√	
1	1	4	1	3		现浇混凝土盖板混凝土	√			√	
1	1	4	1	3	1	混凝土原材料及配合比设计	√			√	
1	1	4	1	3	2	混凝土施工	√			√	
1	1	4	1	3	3	盖板混凝土外观及尺寸偏差	√			√	
1	1	4	2			盖板安装	√		√	√	
1	1	4	2	1		盖板安装	√			√	
1	1	4	2	1	1	盖板安装	√			√	
1	1	5				电缆检修井防水层	√		√	√	
1	1	5	0								
1	1	5	0	1		水泥砂浆防水层	√			√	
1	1	5	0	1	1	水泥砂浆防水层	√			√	
1	1	5	0	2		卷材防水层	√			√	
1	1	5	0	2	1	卷材防水层	√			√	
1	1	5	0	3		涂料防水层	√			√	
1	1	5	0	3	1	涂料防水层	√			√	
1	1	5	0	4		细部构造	√			√	
1	1	5	0	4	1	施工缝细部构造	√			√	
1	1	5	0	4	2	变形缝细部构造	√			√	
1	2					明挖电缆沟	√	√	√	√	√
1	2	1				地基工程（同电缆排管地基工程分部）	√	√	√	√	
1	2	2				电缆沟结构	√	√		√	
1	2	2	0								
1	2	2	0	1		垫层	√			√	
1	2	2	0	1	1	垫层	√			√	
1	2	2	0	2		沟道模板	√			√	

工程编号						工程名称	验收单位				
单位工程	子单位工程	分部工程	子分部工程	分项工程	检验批		施工单位	勘察单位	设计单位	监理单位	建设单位
1	2	2	0	2	1	沟道模板安装	√			√	
1	2	2	0	2	2	模板拆除	√			√	
1	2	2	0	3		沟道钢筋	√			√	
1	2	2	0	3	1	钢筋加工	√			√	
1	2	2	0	3	2	沟道钢筋安装	√			√	
1	2	2	0	4		沟道混凝土	√			√	
1	2	2	0	4	1	混凝土原材料及配合比设计	√			√	
1	2	2	0	4	2	混凝土施工	√			√	
1	2	2	0	4	3	沟道混凝土结构外观及尺寸偏差	√			√	
1	2	2	0	5		沟道砌筑	√			√	
1	2	2	0	5	1	砖砌沟道砌筑	√			√	
1	2	3				沟道装饰装修（同电缆检修井装饰装修分部）	√		√	√	
1	2	4				盖板制作、安装（同电缆检修井盖板制作、安装分部）	√		√	√	
1	3					明挖电缆隧道工程	√	√	√	√	√
1	3	1				地基工程（同电缆排管地基工程分部）	√	√		√	
1	3	2				明挖隧道结构工程	√		√	√	
1	3	2	1			混凝土结构工程	√		√	√	
1	3	2	1	1		垫层	√			√	
1	3	2	1	1	1	垫层	√			√	
1	3	2	1	2		电缆隧道及检修井模板	√			√	
1	3	2	1	2	1	模板安装	√			√	
1	3	2	1	2	2	模板拆除	√			√	
1	3	2	1	3		电缆隧道及检修井钢筋	√			√	
1	3	2	1	3	1	钢筋加工	√			√	
1	3	2	1	3	2	钢筋安装	√			√	
1	3	2	1	4		混凝土	√			√	
1	3	2	1	4	1	混凝土原材料及配合比	√			√	
1	3	2	1	4	2	混凝土施工	√			√	
1	3	2	1	4	3	混凝土结构外观及尺寸偏差	√			√	
1	3	2	2			砌体结构工程	√		√	√	
1	3	2	2	1		砖砌体	√			√	
1	3	2	2	1	1	砖砌体	√			√	

续表

工程编号						工程名称	验收单位				
单位工程	子单位工程	分部工程	子分部工程	分项工程	检验批		施工单位	勘察单位	设计单位	监理单位	建设单位
1	3	2	2	2		混凝土小型空心砌块砌体	√			√	
1	3	2	2	2	1	混凝土小型空心砌块砌体	√			√	
1	3	2	2	3		填充墙砌体	√			√	
1	3	2	2	3	1	填充墙砌体	√			√	
1	3	2	3			细部构造	√		√	√	
1	3	2	3	1		钢结构零、部件加工	√			√	
1	3	2	3	1	1	钢结构零、部件加工	√			√	
1	3	2	3	2		钢构件组装					
1	3	2	3	2	1	钢构件（钢梯、平台及栏杆）组装	√			√	
1	3	2	3	3		钢构件安装					
1	3	2	3	3	1	钢构件（钢梯、平台及栏杆）安装	√			√	
1	3	2	3	4		金属结构涂装					
1	3	2	3	4	1	防腐涂料涂装	√			√	
1	3	3				地下防水（同电缆排管电缆检修井防水层）	√		√	√	
1	3	4				装饰装修	√			√	
1	3	4	1			地面	√		√	√	
1	3	4	1	1		基层	√			√	
1	3	4	1	1	1	找平层	√			√	
1	3	4	1	2		面层	√			√	
1	3	4	1	2	1	面层	√			√	
1	3	4	1	2	2	检修通道安装	√			√	
1	3	4	2			抹灰	√		√	√	
1	3	4	2	1		一般抹灰	√			√	
1	3	4	2	1	1	一般抹灰	√			√	
1	3	4	3			门窗	√		√	√	
1	3	4	3	1		特种门安装	√				
1	3	4	3	1	1	防火门安装	√			√	
1	3	5				电气动力、照明安装	√		√	√	
1	3	5	0								
1	3	5	0	1		动力、照明配电箱（盘）安装	√			√	
1	3	5	0	1	1	动力、照明配电箱（盘）安装	√			√	
1	3	5	0	2		电线导管、电缆导管和线槽敷设	√			√	

工程编号						工程名称	验收单位				
单位工程	子单位工程	分部工程	子分部工程	分项工程	检验批		施工单位	勘察单位	设计单位	监理单位	建设单位
1	3	5	0	2	1	室内电线导管、电缆导管和线槽敷设	√			√	
1	3	5	0	2	2	套接扣压式薄壁钢导管（KBG）电线管路敷设	√			√	
1	3	5	0	2	3	套接紧定式钢导管（JDG）电缆管路敷设	√			√	
1	3	5	0	3		电线、电缆穿管和线槽敷线安装	√			√	
1	3	5	0	3	1	电线、电缆穿管和线槽敷线安装	√			√	
1	3	5	0	4		电缆头制作、接线和线路绝缘测试	√			√	
1	3	5	0	4	1	电缆头制作、接线和线路绝缘测试	√			√	
1	3	5	0	5		灯具安装	√			√	
1	3	5	0	5	1	普通灯具安装	√			√	
1	3	5	0	5	2	专用灯具安装	√			√	
1	3	5	0	6		开关、插座安装	√			√	
1	3	5	0	6	1	开关、插座安装	√			√	
1	3	5	0	7		建筑物照明通电试运行	√			√	
1	3	5	0	7	1	建筑物照明通电试运行	√			√	
1	3	6				电缆隧道通风	√		√	√	
1	3	6	0				√			√	
1	3	6	0	1		通风机安装	√			√	
1	3	6	0	1	1	通风机安装	√			√	
1	3	7				隧道排水	√		√	√	
1	3	7	0				√			√	
1	3	7	0	1		隧道排水管道及配件安装	√			√	
1	3	7	0	1	1	室内排水管道及配件安装	√			√	
1	4					盾构电缆隧道工程	√	√	√	√	√
1	4	1				地基工程（同电缆排管地基工程分部）	√		√	√	
1	4	2				工作井结构工程（沉井）	√		√	√	
1	4	2	1			工作井混凝土结构工程（沉井）	√		√	√	
1	4	2	1	1		沉井模板	√			√	
1	4	2	1	1	1	沉井制作模板安装	√			√	
1	4	2	1	1	2	模板拆除	√			√	
1	4	2	1	2		沉井钢筋	√			√	
1	4	2	1	2	1	钢筋加工	√			√	
1	4	2	1	2	2	沉井钢筋安装	√			√	

续表

工程编号						工程名称	验收单位				
单位工程	子单位工程	分部工程	子分部工程	分项工程	检验批		施工单位	勘察单位	设计单位	监理单位	建设单位
1	4	2	1	3		沉井混凝土	√			√	
1	4	2	1	3	1	混凝土原材料及配合比设计	√			√	
1	4	2	1	3	2	沉井混凝土施工	√			√	
1	4	2	1	4	3	沉井制作结构外观及尺寸偏差	√			√	
1	4	2	1	4		沉井下沉就位	√			√	
1	4	2	1	4	1	沉井下沉就位	√			√	
1	4	2	1	5		沉井封底和底板钢筋混凝土	√			√	
1	4	2	1	5	1	沉井封底和底板钢筋混凝土	√			√	
1	4	2	2			砌体结构工程（同明挖电缆隧道工程砌体结构工程子分部）	√		√	√	
1	4	2	3	1		细部构造（同明挖电缆隧道工程细部构造子分部）	√		√	√	
1	4	3				工作井结构工程（现浇）	√			√	
1	4	3	1			工作井结构工程（现浇）	√			√	
1	4	3	1	1		垫层	√			√	
1	4	3	1	1	1	垫层	√			√	
1	4	3	1	2		工作井结构模板	√			√	
1	4	3	1	2	1	工作井结构模板安装	√			√	
1	4	3	1	2	2	模板拆除	√			√	
1	4	3	1	3		工作井结构结构钢筋	√			√	
1	4	3	1	3	1	钢筋加工	√			√	
1	4	3	1	3	2	工作井结构结构钢筋安装	√			√	
1	4	3	1	4		工作井结构构混凝土	√			√	
1	4	3	1	4	1	混凝土原材料及配合比设计	√			√	
1	4	3	1	4	2	防水混凝土施工	√			√	
1	4	3	1	4	3	工作井结构混凝土结构外观及尺寸偏差	√			√	
1	4	3	2			砌体结构工程（同明挖电缆隧道工程砌体结构工程子分部）	√		√	√	
1	4	3	3	1		细部构造（同明挖电缆隧道工程细部构造子分部）	√		√	√	
1	4	4				盾构法隧道结构工程	√		√	√	
1	4	4	0								
1	4	4	0	1		盾构法隧道	√			√	
1	4	4	0	1	1	盾构法隧道	√			√	

续表

单位工程	子单位工程	分部工程	子分部工程	分项工程	检验批	工程名称	施工单位	勘察单位	设计单位	监理单位	建设单位
							验收单位				
1	4	4	0	2		进出洞施工与洞口防护	√			√	
1	4	4	0	2	1	进出洞施工与洞口防护	√			√	
1	4	4	0	3		管片模具安装	√			√	
1	4	4	0	3	1	管片模具安装	√			√	
1	4	4	0	4		钢筋安装	√			√	
1	4	4	0	4	1	钢筋安装	√			√	
1	4	4	0	5		混凝土制作	√			√	
1	4	4	0	5	1	预制混凝土管片制作安装	√			√	
1	4	4	0	5	2	钢管片制作安装	√			√	
1	4	4	0	6		推进及管片拼装	√			√	
1	4	4	0	6	1	推进及管片拼装	√			√	
1	4	4	0	7		井接头	√			√	
1	4	4	0	7	1	井接头	√			√	
1	4	4	0	8		手孔封堵及嵌缝	√			√	
1	4	4	0	8	1	手孔封堵及嵌缝	√			√	
1	4	5				地下防水（同电缆排管电缆检修井防水分部）	√		√	√	
1	4	6				装饰装修（同明挖电缆隧道装饰装修分部）	√		√	√	
1	4	7				电气动力、照明安装（同明挖电缆隧道工程电气动力、照明安装分部）	√		√	√	
1	4	8				电缆隧道通风（同明挖电缆隧道工程电缆隧道通风分部）	√		√	√	
1	4	9				隧道排水（同明挖电缆隧道工程隧道排水分部）	√		√	√	
1	5					顶管电缆隧道工程	√	√	√	√	√
1	5	1				地基工程（同电缆排管地基工程分部）	√	√	√	√	
1	5	2				工作井结构（沉井）（同盾构电缆隧道工作井结构工程（沉井）分部）	√		√	√	
1	5	3				工作井结构（现浇）（同盾构电缆隧道工作井结构工程（现浇）分部）	√		√	√	
1	5	4				顶管法隧道结构工程	√		√	√	
1	5	4	0								
1	5	4	0	1		顶进前原材料质量验收	√			√	
1	5	4	0	1	1	顶进前原材料质量验收	√			√	
1	5	4	0	2		顶进管道施工	√			√	

26

续表

工程编号						工程名称	验收单位				
单位工程	子单位工程	分部工程	子分部工程	分项工程	检验批		施工单位	勘察单位	设计单位	监理单位	建设单位
1	5	4	0	2	1	顶进管道施工	√			√	
1	5	5				地下防水（同电缆排管电缆检修井防水分部）	√		√	√	
1	5	6				装饰装修（同明挖电缆隧道装饰装修分部）	√		√	√	
1	5	7				电气动力、照明安装（同明挖电缆隧道电气动力、照明安装分部）	√				
1	5	8				电缆隧道通风（同明挖电缆隧道电缆隧道通风分部）	√		√	√	
1	5	9				隧道排水（同明挖电缆隧道排水分部）	√		√	√	
1	6					电缆沉管工程	√	√	√	√	√
1	6	1				电缆沉管工程	√		√	√	
1	6	1	0								
1	6	1	0	1		沉管基槽浚挖及管基处理	√			√	
1	6	1	0	1	1	沉管基槽浚挖及管基处理	√			√	
1	6	1	0	2		沉管组对拼装管道、沉放	√			√	
1	6	1	0	2	1	沉管组对拼装管道、沉放	√			√	
1	6	1	0	3		沉管的稳管及回填	√			√	
1	6	1	0	3	1	沉管的稳管及回填	√			√	
1	7					电缆拉管（定向钻）工程	√	√	√	√	√
1	7	1				电缆拉管（定向钻）工程	√		√	√	
1	7	1	0								
1	7	1	0	1		定向钻管道	√			√	
1	7	1	0	1	1	定向钻管道	√			√	

2.2　电气安装及接地工程质量验评划分

电气安装及接地工程质量验评划分见表2-2。

表2-2　　　　　　　　　电气安装及接地工程质量验评划分表

工程编号			工程项目名称	性质	质检机构验评范围			
					施工单位			监理单位
单位工程	分部工程	分项工程			班组	施工队	项目部	
1			电力电缆施工			√	√	√
1	1		电缆架制作及安装			√	√	√
1	1	1	电缆架制作及安装		√	√		

工程编号			工程项目名称	性质	质检机构验评范围			
单位工程	分部工程	分项工程			施工单位			监理单位
					班组	施工队	项目部	
1	2		电缆敷设			√	√	√
1	2	1	电缆敷设		√	√		
1	3		电缆附件安装			√	√	√
1	3	1	电缆终端制作及安装		√	√		
1	3	2	电缆接头制作及安装		√	√		
1	3	3	交叉互联箱、保安器安装		√	√		
1	4		电缆防火与阻燃			√	√	√
1	4	1	电缆防火与阻燃	主要	√	√		
1	5		电缆带电试运行			√	√	√
2			全线接地装置安装			√	√	√
2	1		接地装置安装			√	√	√
2	1	1	接头（过渡）井接地装置安装		√	√		
2	1	2	明挖沟（隧）道接地装置安装		√	√		
2	1	3	工作（检修）井接地装置安装		√	√		
2	1	4	电缆终端塔接地装置安装		√	√		

2.3 电缆隧道在线监测工程质量验评划分

电缆隧道在线监测工程质量验评划分见表 2-3。

表 2-3 　　　　　　电缆隧道在线监测工程质量验评划分表

工程编号			工程项目名称	质检机构验评范围			
单位工程	分部工程	分项工程		施工单位			监理单位
				班组	施工队	项目部	
1			电缆隧道在线监测		√	√	√
1	1		监控主屏柜安装		√	√	√
1	1	1	主屏柜安装	√	√		
1	2		集控设备安装		√	√	√
1	2	1	汇控箱安装	√	√		
1	3		电缆隧道内有毒有害气体含量监测		√	√	√
1	3	1	气体变送器安装	√	√		

28

工程编号			工程项目名称	质检机构验评范围			
				施工单位			监理单位
单位工程	分部工程	分项工程		班组	施工队	项目部	
1	4		电缆隧道内风机、水泵、防火门联动控制监测		✓	✓	✓
1	4	1	风机控制箱信号线安装	✓	✓		
1	4	2	水泵控制箱信号线安装	✓	✓		
1	4	3	防火门控制箱信号线安装	✓	✓		
1	5		电缆隧道内积水水位监测		✓	✓	✓
1	5	1	水位变送器安装	✓	✓		
1	6		电缆隧道内视频监测		✓	✓	✓
1	6	1	摄像机安装	✓	✓		
1	7		电缆隧道环境温度监测		✓	✓	✓
1	7	1	测温主机安装	✓	✓		
1	7	2	测温光缆安装	✓	✓		
1	8		电缆本体温度监测及载流量分析		✓	✓	✓
1	8	1	测温光缆安装	✓	✓		
1	8	2	电流互感器安装	✓	✓		
1	8	3	载流量工控机安装	✓	✓		
1	9		电缆隧道内电缆金属护套接地电流		✓	✓	✓
1	9	1	电流互感器安装	✓	✓		
1	9	2	接地电流采集器安装	✓	✓		
1	10		隧道防盗系统监测		✓	✓	✓
1	10	1	井盖控制箱信号线安装	✓	✓		
1	11		系统调试		✓	✓	✓
1	11	1	调试	✓	✓		

第 3 章

工程监理准备工作

3.1 组建监理项目部

3.1.1 任命总监理工程师

在监理服务合同签订一个月内，企业法定代表人按监理服务约定以书面形式任命总监理工程师及下发成立监理项目部文件。

3.1.2 监理人员配备

（1）监理项目部按监理服务合同配备总监理工程师、专业监理工程师、安全监理工程师、造价员、信息资料员及监理员，必要时可配备总监理工程师代表。

（2）监理项目部人员配置由总监理工程师提出各专业、各监理组人选名单报监理公司和有关部门批准。

3.1.3 监理人员任职资格

监理人员任职资格见表 3-1。

表 3-1　　　　　　　　　监理人员任职资格

监理人员	任职资格
总监理工程师	应具备国家注册监理工程师资格；具有 3 年及以上同类工程监理工作经验；具有较强的组织领导、协调能力，具有一定写作及计算机操作能力；年龄在 60 周岁以下，身体健康
总监理工程师代表	应具备国家注册监理工程师资格；具有 2 年及以上同类工程监理工作经验；年龄在 65 周岁以下，身体健康
专业监理工程师	应具备国家注册监理工程师资格；具有工程师职称；具有 1 年及以上同类工程监理工作经验，经公司培训和考试合格；年龄在 65 周岁以下，身体健康
安全监理工程师	国家注册安全工程师或国家注册监理工程师执业资格；从事电力建设工程安全管理工作或相关工作 3 年以上，且具有大专及以上学历
造价员	具备造价师执业资格、造价员执业资格；具有两年以上同类工程造价工作经验
监理员	经过电力建设监理业务培训，取得监理员岗位证书
信息资料员	熟悉电力建设监理信息档案管理知识，具备熟练的计算机操作技能；经监理公司内部培训及电力部门基建管控培训合格

3.1.4　监理项目部相关设备配备

监理项目部应根据监理合同约定及现场需要，配备满足监理工作需要的检测设备、工器具、办公设施和交通工具，并制作监理项目部办公设备台账。

（1）办公设备配备：桌、椅、文件柜、计算机、打印机、复印机、扫描仪、照相机、档案盒、办公文具、监理项目部图牌、铭牌等。

（2）通信配置：配置通信电话、手机、传真机、宽带网络等。

（3）检测设备和工具配置：根据现场需要进行配置，如测厚仪、混凝土强度回弹仪、经纬仪、水平仪、游标卡尺、力矩扳手、接地电阻测量表、钢卷尺等。

（4）个人安全防护用品配置：如安全帽、防护手套、雨靴、安全带、有关防寒防冻物品、防暑降温物品、消防用品等。

（5）配备生活用具及餐饮用具。

（6）交通工具：根据现场配置经检验合格的车辆。

3.1.5　相关规范和标准的配备及资料准备

监理项目部配置满足工程监理需要的基本规程规范和标准。并根据工程实际情况及监理合同要求进行补充、配备（配备相应的纸质版或电子版文件），并建立监理项目部标准执行清单。同时对规范和标准实施动态管理，以保证在用标准为最新版本。向各单位索取的有关文件、资料如下。

（1）向监理公司有关部门索取有关文件、资料。

1）工程监理中标通知书、《监理服务合同》及其附件（如安全文明施工监理协议）、监理大纲；公司营业执照、组织机构代码、公司管理体系认证文件复印件，总监理工程师任命书、总监理工程师变更文件、监理人员及特殊工种上岗资质证书、监理人员身份证扫描件及复印件。

2）工程有关的管理体系文件、现行有效的法律、法规、规程、规范、标准。

（2）向建设管理单位有关部门索取有关文件、资料。

1）有关工程批复文件，如发改委批复文件、科研批复文件、规划许可文件、工程开工许可证等复印件；工程初步设计文件、工程设计说明、工程施工图。

2）工程所在地政府及电力行业与电缆线路工程有关的文件。

3.1.6　现场实地察看

（1）监理项目部组建后应组织监理人员进行有关规范、标准及设计、勘察等文件学习，以便实地察看时发现施工条件、施工路径等是否与设计文件有出入。

（2）现场主要察看施工现场的地形、地物、交通、电缆施工路径、障碍物等；

通过结合设计、勘察文件进行的现场实地察看，可以合理地选择监理项目部住址，同时为电缆施工监理打下实物基础，也为编制监理策划文件及施工图会审提供了实物资料。

3.2　监理策划文件编审

监理项目部应在开工一周期前完成监理策划文件编制及审批。监理策划文件先经过监理部审核及修改、完成后报建设单位审批。监理策划文件主要编制监理规划、监理创优细则、安全监理工作方案、专业监理实施细则、质量旁站方案、质量通病防治控制措施。

3.2.1　监理规划编制

监理规划是监理大纲的延续，是根据监理服务合同要求，对工程监理活动总的策划和实施的指导性文件。

1. 监理规划的编审批程序

（1）由总监理工程师主持编写，各专业监理工程师参加编写，编写完成后由总监理工程师进行初审并组织进行修改；总监理工程师再次审查后报公司质量、安全、技术部门审查，对提出的审查意见进行修订，修订后返公司质量、安全、技术部门审查。

（2）通过质量、安全、技术部门再次审查后报公司总工程师或分管领导批准。公司批准后报建设单位审批。

2. 监理规划编制的主要内容

（1）工程项目概况。

1）工程概况：内容为项目名称、地点、工程规模、设计参数、参建单位。

2）工程建设目标：主要内容为质量目标、安全目标、进度目标安全文明施工和环境保护目标、造价目标、信息与档案管理目标。

（2）监理工作范围。

按照监理合同的约定，应包括监理范围内的工程安全监理、质量控制、进度控制、造价控制、合同管理、信息管理、工程协调等内容。

（3）监理工作内容。

1）施工准备阶段的监理工作内容；施工过程监理工作内容；竣工验收阶段（含过程验收）监理工作内容。

2）工程试运行及保修阶段监理工作内容。

（4）监理工作目标。

主要包括工程质量总目标、电缆土建工程质量及电缆施工质量控制目标、进度控制目标、投资目标、安全监理目标、文明施工和环境保护控制目标、信息与档案管理目标等内容。

（5）监理工作依据。

主要包含建设管理纲要、监理大纲、监理合同、设计文件及现行有效的法律、规范、标准。

（6）监理项目部的人员岗位职责。

根据监理规范进行编写。

（7）监理工作程序。

主要包括监理工作策划管理流程、安全策划管理流程、现场签证流程、进度款审核流程、工程质量验评流程监理初检工作流程、旁站监理工作流程、隐蔽工程质量控制流程、材料构配件及设备质量控制流程、分包安全管理流程、安全文明施工管理流程、安全检查管理流程、安全风险和应急管理流程、工程进度计划管理流程、技术方案审查流程、工程停复工管理流程、质量通病防治实施流程。各流程以图表形式进行表述。

（8）监理工作方法及措施。

主要包括组织措施、技术措施、安全管理措施、质量控制措施、经济控制措施、环保水保控制措施、组织协调措施、信息与档案管理措施等。

（9）监理创优控制措施。

编写内容含有综合管理创优措施、质量控制创优措施、安全文明施工与环境保护控制创优措施、进度控制创优措施、造价控制创优措施、工程档案管理创优措施等。

（10）强制性条文监理检查控制措施。

编写内容包括根据强制性条文规范要求结合现场施工范围选取需要执行的条款执行，监理监督检查执行情况并进行书面记录。

（11）监理设施。

包含配备的办公设备、检测仪器、通信设备、防护用品、生活设施等内容。

（12）附件。

主要内容为监理控制点（H、W、S）的设置表和监理规划内需要附的表格。

3.2.2　监理创优细则的编审

1. 监理创优细则的编审批程序

（1）由总监理工程师主持编写，各专业监理工程师参加编写，编写完成后由总监理工程师进行初审并组织进行修改；总监理工程师再次审查后报公司质量、安全、技术部门审查，对提出的审查意见进行修订，修订后返公司质量、安全、技术部门审查。

（2）通过质量、安全、技术部门再次审查后报公司总工程师或分管领导批准。公司批准后报建设单位审批。

2. 监理创优细则编写的主要内容

监理创优细则是监理单位开展创优的文件，充分发挥监理在工程创优中的作用。编写应结合工程实际情况及施工单位的技术能力和管理特点，监理管理单位自身的特点、特色，以及建设单位的创优的要求，对工程目标进行了分解，明确为实现工程创优目标配置的监理资源，制定相应的组织管理措施，以及质量、安全、进度、造价控制的技术措施，以落实监理创优责任，明确监理创优工作程序，指导监理部和监理人员开展工程创优活动。

（1）概述。

主要内容包括编制目的、编制意义、工程地点、工程特点、开竣工计划时间、编制依据等内容。

（2）工程创优目标。

主要包括工程管理目标、质量控制目标、安全及健康控制目标、水土及环境控制目标、进度控制目标、造价控制目标、档案管理控制目标、信息管理控制目标等内容。

（3）创优的配置及创优组织。

主要包括为创优进行的资源配置情况、创优组织机构及创优组织情况。

（4）创优措施。

主要包括工程管理措施、质量控制措施、安全及健康控制、水土及环境控制措施、进度控制措施、造价控制措施、档案管理控制措施、信息管理控制措施等内容。

3.2.3　监理安全工作方案的编审

1. 监理安全工作方案的编审批程序

由安全监理工程师主持编写，各专业监理工程师参加编写，编写完成后由总监理工程师进行初审并组织进行修改；总监理工程师修订后报建设单位审批。

2. 监理安全工作方案的主要内容

为全面履行工程监理服务合同，更好地开展电缆线路工程安全监理，指导现场监理人员做好安全监督管理工作，使所监理的电缆线路工程施工安全和风险控制做到可控、能控、在控。

（1）工程概况。

包括编制目的、工程建设地点、工程建设时间、建设工期、建设规模、工程特点、工程投资、参建单位等内容。

（2）编制依据。

包括监理合同、施工承包合同、建设管理纲要、建设单位安全文明总体规划、经审批的监理规划、有关电缆线路工程现行有效的国家、行业有关法律、法规、规程规范以及国家电网公司有关标准、制度和办法。

（3）安全管理监理工作目标。

包括安全施工目标、安全文明施工目标和环境保护目标。进行总体目标分解，包括合理采用文件审查、安全旁站、安全巡视等工作方法，落实分解目标，以确保实现工程总体目标。

（4）安全管理监理组织机构及工作职责。

以图表形式表述监理组织机构，监理人员安全职责，特别是安全监理工程师安全职责。

（5）安全管理工作流程。

以图表形式表述流程，主要包括安全策划管理流程、安全风险及应急管理流程、安全检查管理流程、安全文明施工管理流程、分包管理流程。

（6）安全管理工作控制要点。

主要包括"四通一平"，分解内容包括通水、通路、通电、通信及场地平整标准、施工文件审查、现场围挡、施工场地、外电防护、主要施工机械使用安全要求；土建施工，分解内容包括临时用电、电缆线路土建施工危险项目；电缆施工，分解内容包括施工安全控制要点、电缆电气试验安全控制要点。

（7）安全安全管理方法及措施。

包括安全工作策划、安全风险及应急管理、重要设施及重大工序转接安全检查签证、分包安全管理、安全通病防治控制措施、安全文明施工管理、安全旁站及巡视监理工作方法、环境及水土保持管理、填写文件审查记录表、填写安全旁站监理记录表及表样等内容。

（8）附件。

包括安全旁站监理工作计划表、安全问题及处置台账。

3.2.4　监理专业实施细则的编审

1. 监理专业实施细则的编审批程序

由各专业监理工程师编写，总监理工程师代表或专业组长审查，编写完成后由总监理工程师进行审查，对审查意见进行修订；总监理工程师修订后报建设单位审批。

2. 监理专业实施细则编制内容

监理专业实施细则是监理履行监理服务合同、执行监理规划的文件，应从监理方法和相应手段对电缆线路工程进行事前、事中、事后进行控制的措施及有关依据方面进行编制，应结合专业实际情况编制，具有可操作性。

（1）工程概况。

主要包括工程地点、工程规模、技术参数、本专业工程特点及难点、本专业施工环境及施工期气象条件、施工进度计划、针对采用新技术新材料新工艺采取的监理措施等内容。

（2）编制依据。

主要包括已审批监理规划及施工组织设计、设计文件、与电缆线路工程有关的现行有效的规范、行业标准等。

（3）监理工作流程。

以图表形式表述监理工作流程，主要包括材料构配件设备质量控制流程、隐蔽工程质量控制流程、旁站监理工作流程、监理初检工作流程、质量验评工作流程、现场签证工作流程、技术方案审查流程。

（4）监理工作要点。

主要包括质量控制目标、质量控制要点、进度工作要点、造价控制要点等方面内容。

（5）监理工作方法及措施。

主要包括施工方案及质量保证措施审查、见证计划、隐蔽工程验收、平行检验、质量巡视、质量验评等方面内容。

（6）监理初检方案。

主要包括监理初检开展时间、监理初检条件、监理组织机构、监理初检要求、安全措施等内容。

（7）附件。

主要包括工程质量验收评定范围及监理控制点明细表、电缆工程质量验收评定范围及监理控制点明细表、文件审查记录表、监理通知单、监理工作联系单、监理初检报告、监理检查记录表、见证取样统计表、文件修订审批记录表等样表及监理初检报告格式。

3.2.5 监理旁站方案的编审

1. 监理旁站方案的编审批程序

由各专业监理工程师编写，总监理工程师代表或专业组长审查，编写完成后由总监理工程师进行审查，对审查意见进行修订；总监理工程师修订后报建设单位审批。

2. 监理旁站方案编制内容

主要针对隐蔽工程的隐蔽、下道工序完成后难以检查的关键或重点部位、重要工序等进行编制，监理方要通过工程旁站点的设置和监理人员的旁站工作，实现对工程的质量控制。

（1）编制目的。

主要是通过方案编制使监理人员对隐蔽工程及关键点、关键工序有的放矢进行质量安全控制，以保证工程质量。

（2）编制依据。

主要包括已审批监理规划及施工组织设计、设计文件与电缆线路工程有关的现行有效的规范、行业标准等。

（3）旁站工作流程及要求。

包括旁站工作流程图及对监理人员及施工人员要求。

（4）监理旁站范围及内容。

根据工程关键点、关键工序设置旁站点，并对旁站点的旁站项目编制旁站控制要点。电缆工程旁站主要项目有电缆头及中间头制作、电缆高压电气试验。

（5）监理旁站职责。

主要包括检查施工人员持证及到岗情况，机械情况，执行方案情况，是否有违反有关规范、强制性条文、质量通病防治的情况，监理编制旁站记录等内容。

（6）旁站监理工作纪律。

主要是针对旁站监理人员的纪律要求。

（7）附件。

包括旁站监理计划表、旁站监理记录表格式。

3.2.6　监理质量通病防治方案的编审

1. 监理质量通病防治方案的编审批程序

由各专业监理工程师编写，总监理工程师代表或专业组长审查，编写完成后由总监理工程师进行审查，对审查意见进行修订；总监理工程师修订后报建设单位审批。

2. 监理质量通病防治方案编制内容

（1）编制目的。

发挥监理在工程中的监控作用，使质量通病得到遏制，提高工程质量。

（2）工程概况及编制依据。

主要包括已审批监理规划及施工组织设计、设计文件与电缆线路工程有关的现行有效的规范、行业标准等。

（3）质量通病防治监理主要控制的工作内容及监督措施。

包括监理项目部责任、监理人员岗位职责、电缆线路质量通病防治内容（常见质量通病、管理质量通病、实体质量通病）。电缆线路质量通病监督措施（施工准备阶段、施工阶段、工程竣工验收阶段）、通病防治要点及方法（路径复测通病，基坑、电缆沟道、隧道开挖、混凝土通病，电缆施工通病）。

（4）附件。

电缆土建工程质量通病防治措施执行监理检查表、电缆电气工程质量通病防治措施执行监理检查表、电缆线路工程质量通病防治工作评估报告。

3.3　监理人员岗前培训

3.3.1　监理项目部进驻现场

为了及时了解现场开工前施工单位准备工作情况以及配合施工单位开工前期监理工作，可以安排与前期工程有关的监理人员提前进驻现场。监理项目部在施工项目部进驻现场后并办理好开工前有关施工手续，施工人员及机器具按配置到场、电缆施工路径已复测，开工条件基本具备，同时监理的办公、生活设施具备的条件下，进驻现场。

3.3.2　监理人员岗前培训

按照监理公司教育培训制度对全体监理人员进行培训，培训分为三级培训。新入单位监理人员培训为一级培训、监理人员专业知识培训为二级培训、监理人员上岗前培训为三级培训。监理人员经过培训并经考试合格后方可上岗。负责培训部门负责培训记录和登记工作。

1. 一级培训

（1）培训组织部门：由监理公司组织培训。

（2）培训内容：

1）经营范围、企业性质、行业发展情况、公司经营理念、企业文化、公司管理制度及有关机制、监理人员职业道德准则、工作记录、员工手册等。

2）安全规程及安全文件学习；监理规范培训；监理人员岗位职责培训。

2. 二级培训

（1）培训组织部门：由监理公司技术、质量部门组织培训。

（2）培训内容：

1）公司管理体系、公司程序文件。

2）监理工作程序；监理工作方法及控制手段；对监理大纲、监理规划如何编制内容的知识培训；监理各专业业务知识及各专业技术知识；监理各专业根据专业特点进行安全教育。

3. 三级培训

（1）培训组织部门：由监理公司和该项目部组织培训。

（2）培训内容：

1）新颁发的规程、规范；上级颁发有关安全、质量管理文件；最新版本监理表式及使用方法；工程设计文件、工程《监理合同》、工程《监理细则》。

2）对检测设备、试验设备的使用及现场检验方法、检测操作技能进行培训。

3.4　标准化开工准备

3.4.1　标准开工应具备条件

（1）项目前期已批复文件。包括工程项目核准及可研批复文件、初步设计及批复文件、工程概算批复文件、建设用地规划许可证、建设用地批复、土地使用证、建设工程规划许可证、施工许可证、办理了质量监督申报；已签有关合同。包括设计、施工、监理中标通知书及合同，施工、监理安全协议书、发文成立业主项目部、项目安全委员会。

（2）根据《建筑工程五方责任主体项目负责人质量终身责任追究暂行办法》五方责任主体项目负责人质量终身责任书已签订。

（3）施工现场"四通一平"已结束，办公、生活、材料加工、施工区域的标准化布置工作已满足规定要求，电缆线路工程已完成路径复测；现场已实现远程视频监控和工程信息的网上传输功能。

（4）施工图已会检，图纸交付计划已落实，且交付进度满足连续施工需求。

（5）主要设备已招标，主要材料已落实，设备、材料满足连续施工需求。

（6）建设单位、设计单位、监理项目部、施工项目部各项管理和技术相关文件已通过评审，完成编审批手续，出版并交底。

3.4.2　施工报审文件审查

1. 项目管理规划、施工创优细则及施工技术方案等策划文件审查

（1）审查依据。

施工承包合同、设计文件、施工图、《电力建设工程技术管理导则》及电缆线路施工相关的现行有效的规范、规程、标准；建设单位有关管理制度办法等文件。

（2）审查程序。

1）施工组织设计是施工单位指导施工全过程施工活动管理和安全及技术指导的综合性文件，按照监理规范及基建程序由总监理工程师组织会议审查，并出审查会议纪要。由于施工组织设计是编制其他策划文件的依据之一，应首先完成编制及审批。

2）施工创优细则是按照建设单位创优规划编制，是施工单位开展活动的具体操作性文件，由监理单位审查并报建设单位批准后实施。

3）施工技术方案是指导分部、分项工程、施工工序施工的具有可操作性的文件。一般施工技术方案由专业监理工程师审核，特殊及重大施工技术方案按照施工组织设计审批程序进行，危险性较大的还必须进行专家论证。

2. 项目主要管理人员、特殊工种、特殊作业人员审查

项目主要管理人员审查：审查主要施工管理人员与投标文件是否一致，人员数量是否满足工程施工管理需要，所持上岗证件合格是否有效。

特殊工种、特殊作业人员审查：审查特殊工种、特殊作业人员的数量是否满足工程施工需要，资格证书合格是否有效。

3. 主要测量计量器具、试验设备审查

审查测量、计量器具、试验设备的种类、数量是否满足工程施工需要，有关定检证书是否合格有效。

4. 大中型施工机械进场审查

审查大中型机械设备的数量、型号是否满足工程施工需求，设备检验、试验报告、安全准用证是否合格有效。

5. 材料、设备进场审查

按照设计文件及技术协议书进行验收，对电缆大盘检查，检查大盘及包装是否完好，整体牢固；大盘应标明制造厂名或商标、型号、规格、质量、允许载重量、制造年月、电缆规格、型号、电压等级、数量符合设计规定，外观检查有无损伤等情况。检查出厂合格证及检验试验报告应齐全。对砂、石、混凝土、钢筋等材料等需要送检的材料，送检时应及时通知监理进行见证。

3.4.3　设计文件审查

工程中采用的设计文件、图纸必须经过政府建设管理部门审核备案、监理审核同意后方法可在工程施工中使用。

1. 施工图预审

（1）施工、监理及相关单位收到设计文件后，在设计交底、图纸会检会议之前，分别由施工技术负责人、监理技术负责人组织相关人员进行预审工作，并以

书面形式提出审查意见。施工单位提出的审查意见应报监理汇总并填写施工图预审表，在召开设计交底、图纸会检会议时反馈设计单位。发现重大设计问题时应及时向建设单位汇报。

（2）施工图预审除本工程的施工人员和监理人员外，也可邀请有丰富经验的设计、施工技术人员参与预审工作。

2. 设计交底、图纸会检会议

由建设单位组织召开，也可根据监理服务合同或建设单位委托由监理单位总监理工程师组织召开。

（1）参加会议单位及人员，见表 3-2。

表 3-2　　　　　　　　　　　参加会议单位及人员

参会单位	参会单位人员	参会单位	参会单位人员
建设单位	项目负责人	运行检修单位	技术负责人
设计单位	设计总工程师或设计专业工程师	加工、制造单位	技术负责人
监理单位	总监理工程师、专业监理工程师	施工单位	项目总工、技术负责人

（2）设计交底、图纸会检会议召开次数。

电缆线路施工可根据施工分部阶段进行，也可按土建和电气施工部分进行。

3.4.4　第一次工地会议（标准化开工会）

根据《建设工程监理规范》要求，在标准化开工前由建设单位组织召开第一次工地会议（标准化开工会合并召开）。会议按照标准化条件复查，合格后批准开工。

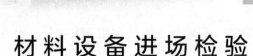

第 4 章

材料设备进场检验

4.1 工程材料设备分类概述

本章所涵盖内容是电缆线路工程材料设备的检验、见证取样的工作流程和内容，工程主要设备的检验。为了进一步加强电缆工程的材料及设备的监理控制，达到监理事前控制、事中控制、事后控制，特编写本章。

4.1.1 电缆土建施工材料

（1）常用工程材料：砂石、水泥、膨胀土、商品混凝土、钢筋、氯化聚氯乙烯（CPVC）及硬聚氯乙烯塑料（PVC）电缆管、MPP 电力电缆保护管、电缆标志桩、直埋电缆保护板、电缆支架等。

（2）特殊条件下的工程材料：硅酸钠（俗称水玻璃）、管片及拼装连接螺栓紧固件、防水密封胶条等。

4.1.2 电力电缆及电缆附件、设备

电缆、电缆附件、接地箱、交叉互连箱、防火及防水材料、堵料、电缆金具、排水设备、通风及照明设备等。

4.2 监 理 依 据

4.2.1 监理工作依据的标准

监理应根据国家标准及行业标准对工程的原材料在监理职责范围内进行管控，加强原材料的控制。

本章监理工作的依据标准见表 4-1。

表 4-1　　　　　　　监 理 工 作 依 据

序号	规范名称	编号
1	混凝土结构工程施工质量验收规范	GB 50204—2015
2	混凝土外加剂	GB 8076—2008

序号	规范名称	编号
3	通用硅酸盐水泥	GB 175—2007/XG 2—2015
4	电缆防火涂料	GB 28374—2012
5	地下工程防水技术规范	GB 50108—2008
6	盾构法隧道施工及验收规范	GB 50446—2008
7	建设用卵石、碎石	GB/T 14685—2011
8	建设用砂	GB/T 14684—2011
9	隧道照明用 LED 灯具性能要求	GB/T 32481—2016
10	预拌混凝土	GB/T 14902—2012
11	建设工程监理规范	GB/T 50319—2013
12	额定电压 110kV（U_m＝126kV）交联聚乙烯绝缘电力电缆及其附件 第 1 部分：试验方法和要求	GB/T 11017.1—2014
13	额定电压 110kV（U_m＝126kV）交联聚乙烯绝缘电力电缆及其附件 第 2 部分：电缆	GB/T 11017.2—2014
14	额定电压 110kV（U_m＝126kV）交联聚乙烯绝缘电力电缆及其附件 第 3 部分：电缆附件	GB/T 11017.3—2014
15	电力电缆导体用压接型铜、铝接线端子和连接管	GB/T 14315—2008
16	额定电压 220kV（U_m＝252kV）交联聚乙烯绝缘电力电缆及其附件 第 1 部分：试验方法和要求	GB/T 18890.1—2015
17	额定电压 220kV（U_m＝252kV）交联聚乙烯绝缘电力电缆及其附件 第 2 部分：电缆	GB/T 18890.2—2015
18	额定电压 220kV（U_m＝252kV）交联聚乙烯绝缘电力电缆及其附件 第 3 部分：电缆附件	GB/T 18890.3—2015
19	额定电压 500kV（U_m＝550kV）交联聚乙烯绝缘电力电缆及其附件 第 1 部分：额定电压 500kV（U_m＝550kV）交联聚乙烯绝缘电力电缆及其附件试验方法和要求	GB/T 22078.1—2008
20	额定电压 500kV（U_m＝550kV）交联聚乙烯绝缘电力电缆及其附件 第 2 部分：额定电压 500kV（U_m＝550kV）交联聚乙烯绝缘电力电缆	GB/T 22078.2—2008
21	额定电压 500kV（U_m＝550kV）交联聚乙烯绝缘电力电缆及其附件 第 3 部分：额定电压 500kV（U_m＝550kV）交联聚乙烯绝缘电力电缆附件	GB/T 22078.3—2008
22	色漆、清漆和色漆与清漆用原材料取样	GB/T 3186—2006
23	普通混凝土用砂、石质量及检验方法标准	JGJ 52—2006
24	钢筋焊接及验收规程	JGJ 18—2012
25	钢筋机械连接技术规程	JGJ 107—2016
26	混凝土用水标准	JGJ 63—2006

序号	规范名称	编号
27	消防产品现场检查判定规则	GA 588—2012
28	建设工程消防验收评定规则	GA 836—2009
29	电力建设工程监理规范	DL/T 5434—2009
30	电力电缆用导管技术条件 第1部分：总则	DL/T 802.1—2007
31	电力电缆用导管技术条件 第2部分：玻璃纤维增强塑料电缆导管	DL/T 802.2—2007
32	电力电缆用导管技术条件 第3部分：氯化聚氯乙烯及硬聚氯乙烯塑料电缆导管	DL/T 802.3—2007
33	电力电缆用导管技术条件 第4部分：氯化聚氯乙烯及硬聚氯乙烯塑料双壁波纹电缆导管	DL/T 802.4—2007
34	电力电缆用导管技术条件 第5部分：纤维水泥电缆导管	DL/T 802.5—2007
35	电力电缆用导管技术条件 第6部分：承插式混凝土预制电缆导管	DL/T 802.6—2007
36	电力电缆用导管技术条件 第7部分：非开挖用改性聚丙烯塑料电缆导管	DL/T 802.7—2010
37	电力电缆用导管技术条件 第8部分：埋地用改性聚丙烯塑料单壁波纹电缆导管	DL/T 802.8—2014
38	电力工程电缆防火封堵施工工艺导则	DL/T 5707—2014

4.2.2 强制性条文规定

（1）《通用硅酸盐水泥》（GB 175—2007/XG 2—2015）。

7.1 化学指标

通用硅酸盐水泥化学指标应符合（本规范）表2的规定。

表2   %

品种	代号	不溶物（质量分数）	烧失量（质量分数）	三氧化硫（质量分数）	氧化镁（质量分数）	氯离子（质量分数）
硅酸盐水泥	P·I	≤0.75	≤3.0	≤3.5	≤5.0[a]	
	P·II	≤1.50	≤3.5			
普通硅酸盐水泥	P·O	—	≤5.0			
矿渣硅酸盐水泥	P·S·A	—	—	≤4.0	≤6.0[b]	≤0.06[c]
	P·S·B	—	—		—	
火山灰质硅酸盐水泥	P·P	—	—	≤3.5	≤6.0[b]	
粉煤灰硅酸盐水泥	P·F	—	—			
复合硅酸盐水泥	P·C	—	—			

a 如果水泥压蒸试验合格，则水泥中氧化镁的含量（质量分数）允许放宽至6.0%。
b 如果水泥中氧化镁的含量（质量分数）大于6.0%时，需进行水泥压蒸安定性试验并合格。
c 当有更低要求时，该指标由买卖双方协商确定。

7.3.1 凝结时间

硅酸盐水泥初凝不小于45min，终凝不大于390min；

普通硅酸盐水泥、矿渣硅酸盐水泥、火山灰质硅酸盐水泥、粉煤灰硅酸盐水泥和复合硅酸盐水泥初凝不小于45min，终凝不大于600min。

7.3.2 安定性

沸煮法合格。

7.3.3 强度

不同品种不同强度等级的通用硅酸盐水泥，其不同各龄期的强度应符合表3的规定。

表3 （单位：MPa）

品种	强度等级	抗压强度		抗折强度	
		3d	28d	3d	28d
硅酸盐水泥	42.5	≥17.0	≥42.5	≥3.5	≥6.5
	42.5R	≥22.0		≥4.0	
	52.5	≥23.0	≥52.5	≥4.0	≥7.0
	52.5R	≥27.0		≥5.0	
	62.5	≥28.0	≥62.5	≥5.0	≥8.0
	62.5R	≥32.0		≥5.5	
普通硅酸盐水泥	42.5	≥17.0	≥42.5	≥3.5	≥6.5
	42.5R	≥22.0		≥4.0	
	52.5	≥23.0	≥52.5	≥4.0	≥7.0
	52.5R	≥27.0		≥5.0	
矿渣硅酸盐水泥 火山灰硅酸盐水泥 粉煤灰硅酸盐水泥 复合硅酸盐水泥	32.5	≥10.0	≥32.5	≥2.5	≥5.5
	32.5R	≥15.0		≥3.5	
	42.5	≥15.0	≥42.5	≥3.5	≥6.5
	42.5R	≥19.0		≥4.0	
	52.5	≥21.0	≥52.5	≥4.0	≥7.0
	52.5R	≥23.0		≥4.5	

9.4 判定规则

9.4.1 检验结果符合本标准7.1、7.3.1、7.3.2、7.3.3条为合格品。

9.4.2 检验结果不符合本标准7.1、7.3.1、7.3.2、7.3.3条中的任何一项技术要求为不合格品。

（2）《混凝土外加剂》（GB 8076—2008）。

掺外加剂混凝土的性能应符合表1的要求。

表1　受检混凝土性能指标

项目		高性能减水剂 HPWR			高效减水剂 HWR		普通减水剂 WR			引气减水剂 AEWR	泵送剂 PA	早强剂 Ac	缓凝剂 Rc	引气剂 AE
		早强型 HPWR-A	标准型 HPWR-S	缓凝型 HPWR-R	标准型 HWR-S	缓凝型 HWR-R	早强型 WR-A	标准型 WR-S	缓凝型 WR-R					
减水率/%，不小于		25	25	25	14	14	8	8	8	10	12	—	—	6
泌水率比/%，不大于		50	60	70	90	100	95	100	100	70	70	100	100	70
含气量/%		≤6.0	≤6.0	≤6.0	≤3.0	≤4.5	≤4.0	≤4.0	≤5.5	≥3.0	≤5.5	—	—	≥3.0
凝结时间之差/min	初凝	−90~+90	−90~+120	>+90	−90~+120	>+90	−90~+90	−90~+120	>+90	−90~+120	—	−90~+90	>+90	−90~+120
	终凝	—	—	—	—	—	—	—	—	—	—	—	—	—
1h经时变化量	坍落度/mm	—	≤80	≤60	—	—	—	—	—	—	≤80	—	—	—
	含气量/%	—	—	—	—	—	—	—	—	−1.5~+1.5	—	—	—	−1.5~+1.5
抗压强度比/%，不小于	1d	180	170	—	140	—	135	115	—	—	—	135	—	—
	3d	170	160	140	130	—	130	115	—	115	—	130	—	95
	7d	145	150	130	125	125	110	110	110	110	115	110	100	95
	28d	130	140	110	120	120	100	110	110	100	110	100	100	90
收缩率比/%，28d 不大于		110	110	110	135	135	135	135	135	135	135	135	135	135
相对耐久性（200次）/%，不小于		—	—	—	—	—	—	—	—	80	—	—	—	80

注1：表1中抗压强度比、相对含气量和相对耐久性为强制性指标，其余为推荐性指标。
注2：除含气量和相对耐久性外，表中所列数据为掺外加剂混凝土与基准混凝土的差值或比值。
注3：凝结时间之差性能指标中的"—"号表示提前，"+"号表示延缓。
注4：相对耐久性（200次）性能指标中的"≥80"表示将28d龄期的受检混凝土试件快速冻融循环200次后，动弹性模量保留值≥80%。
注5：1h含气量经时变化量指标中的"—"号表示含气量增加，"+"号表示含气量减少。
注6：其他品种的外加剂是否需要测定相对耐久性指标，由供、需双方协商确定。
注7：当用户对泵送剂等产品有特殊要求时，需要进行的补充试验项目，试验方法及指标，由供需双方协商决定。

（3）《电缆防火涂料》（GB 28374—2012）。

5 技术要求

电缆防火涂料各项技术性能指标应符合表1的规定

表1 电缆防火涂料技术性能指标

序号	项目		技术性能指标	缺陷类别
1	在容器中的状态		无结块，搅拌后呈均匀状态	C
2	细度/μs		≤90	C
3	黏度/s		≥70	C
4	干燥时间	表干/h	≤5	C
		实干/h	≤24	
5	耐油性/d		浸泡7d，涂层无起皱、无剥落、无起泡	B
6	耐盐水性/d		浸泡7d，涂层无起皱、无剥落、无起泡	B
7	耐湿热性/d		经过7d实验，涂层无起皱、无剥落、无起泡	B
8	耐冻融循环/次		经15次循环，涂层无起皱、无剥落、无起泡	B
9	抗弯性		涂层无起层、无脱落、无剥落	A
10	阻燃性/m		炭化高度≤2.50	A

注 A为致命缺陷，B为严重缺陷，C为轻缺陷。

7 电缆防火涂料检验规则

7.1 检验分类

7.1.1 电缆防火涂料的检验分出厂检验和型式检验。

7.1.2 出厂检验项目为在容器中的状态、细度、黏度、干燥时间、抗弯性、耐油性和耐盐水性。

7.1.3 型式检验项目为本标准规定的全部性能指标。有下列情形之一时，产品应进行型式检验：

a）新产品投产或老产品转厂生产时；

b）产品的配方、工艺及原料有较大改变时；

c）产品停产一年以上恢复生产时；

d）出厂检验结果与上次型式检验有较大的差异时；

e）正常生产2年或累计生产量200t时；

f）国家质量监督机构或消防监督部门提出要求时。

7.2 抽样

抽样按GB/T 3186的规定进行。

7.3 判定规则

7.3.1 出厂检验结果均应符合表1的技术要求，不合格的检验项目允许在同皮样品中抽样进行复验，经复验合格后方可出厂。

7.3.2 型式检验的缺陷分类见表1，产品质量合格判定原则为：A＝0、B≤1、B＋C≤2。

（4）《钢筋焊接及验收规程》（JGJ 18—2012）。

1.0.4 从事钢筋焊接施工的焊工必须持有钢筋焊工考试合格证，才能按照合格证规定的范围上岗操作。

3.0.8 凡施焊的各种钢筋、钢板均应有质量证明书；焊条、焊丝、氧气、乙炔、液化石油气、二氧化碳、焊剂应有产品合格证。

4.1.4 在工程开工正式焊接之前，参与该项施焊的焊工应进行现场条件下的焊接工艺试验，并经试验合格后，方可正式生产。试验结果应符合质量检验与验收时的要求。

（5）《钢筋机械连接技术规程》（JGJ 107—2016）。

7.0.7 对接头的每一验收批，必须在工程结构中随机截取3个接头试件做抗拉强度试验，按设计要求的接头等级进行评定。当3个接头试件的抗拉强度均符合本规程表3.0.5中相应等级的强度要求时，该验收批次应评为合格。如有1个试件的抗拉强度不符合要求，再取6个试件进行复检。复检中如仍有1个试件的抗拉强度不符合要求，则该验收批应评为不合格。

（6）《混凝土结构工程施工质量验收规范》（GB 50204—2015）。

5.2.1 钢筋进场时，应按国家现行相关标准的规定抽取试件作屈服强度、抗拉强度、伸长率、弯曲性能和重量偏差检验，检验结果必须符合相关标准的规定。

5.2.3 对按一、二、三级抗震等级设计的框架和斜撑构件（含梯段）中的纵向受力普通钢筋应采用 HRB335E、HRB400E、HRB500E、HRBF335E、HRBF400E 或 HRBF500E 钢筋，其强度和最大力下总伸长率的实测值应符合下列规定：1 钢筋的抗拉强度实测值与屈服强度实测值的比值不应小于1.25；2 钢筋的屈服强度实测值与屈服强度标准值的比值不应大于1.30；3 钢筋的最大力下总伸长率不应小于9%。

7.2.1 水泥进场（厂）时应对其品种、级别、包装或散装仓号、出厂日期等进行检查，并应对水泥的强度、安定性和凝结时间进行复验，其结果应符合现行国家标准《通用硅酸盐水泥》GB 175等的规定。当对水泥质量有怀疑或水泥出厂超过三个月时，或快硬硅酸盐水泥超过一个月时，应进行复验并按复验结果使用。

（7）《混凝土用水标准》（JGJ 63—2006）。

3.1.7 未经处理的海水严禁用于钢筋混凝土和预应力混凝土。

（8）《消防产品现场检查判定规则》（GA 588—2012）。

本标准的第4章～第7章为强制性的，其余为推荐性的。

4.3 材料设备进场监理工作流程

（1）认真熟悉图纸中设计对材料的要求以及施工图会检、设计交底会议纪要的要求。掌握相关规范、规程和见证取样要求。审查检测单位资质和检测仪表的计量认证，试验人员的上岗证件及管理制度是否满足本工程的检测需要，未报审或资质不合格的检测单位严禁承担检测任务。

（2）施工前应严格审核施工单位报验的进场材料（包括原材料、加工件、半成品、购配件、预制件等）的出厂合格证明文件中的型号、规格、参数应符合规范及设计要求，出厂合格证明文件还应包括厂家使用原材的合格证明材料。

（3）施工材料到场后，随同施工单位对报验的材料到现场对其规格和外观进行检查确认，填写设备材料开箱检查记录表。对需复试的材料见证施工单位按相关规程进行随机抽取试样。

（4）对需要复试见证取样的材料，监理应随同施工单位共同承担监护试样送至检测单位，并在见证记录上签字。

（5）认真审核复试检测报告应符合相关规范要求，对进场材料报验资料进行复核，签署是否同意使用的监理意见。

（6）对检测试验结果不合格的材料、设备，施工单位应依据相关标准的规定处理，监理单位对质量问题的处理情况进行监督，并形成相关监理记录。

材料设备进场监理工作流程图如图4-1所示。

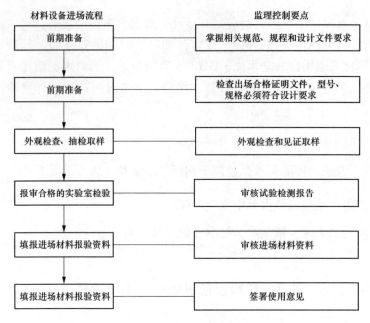

图 4-1　材料设备进场监理工作流程图

4.4　材料设备进场监理工作要点

4.4.1　供货商、厂家、试验单位资格的控制

（1）对于施工单位采购的原材料和设备，施工项目部在进行主要材料或构配件、设备采购前，应将拟采购供货的生产厂家的资质证明文件报监理项目部审查，并按合同要求报业主项目部批准。

（2）对于甲供材料，由监理项目部组织，业主、施工、物资供应、生产厂家等单位相关人员参加，按照国家规范标准、合同要求进行验收、检验。

（3）事先向施工项目部明确，凡委托的试验室，必须经监理工程师确认。专业监理工程师应从以下五个方面对承包单位的试验室进行考核：

1）试验室的资质等级及其试验范围；

2）法定计量部门对试验设备出具的计量检定证明；

3）试验室的管理体制制度；

4）试验人员的资格证书；

5）本工程的试验项目及其要求。

4.4.2 电缆线路工程材料的控制

（1）施工项目部应在主要材料或构配件、设备进场后，将有关质量证明文件报监理项目部审查。凡报验的出厂证明在规格、型号、材质试验参数上与设计或规范不符、字迹模糊不清、未注明原件存放处、无施工单位材料印签章的一律不予签认。监理项目部除进行文件审查外，还应对实物质量进行验收并留存数码照片。

（2）检查施工项目部用于工程基础施工中用的砂、石、水泥、水质量，并参与监督现场取样送检试验。

1）砂、石使用前必须经过批次复检合格（批次量为 400m³ 或 600t），现场监督见证取样送检试验。合格后方可使用。

2）对施工用砂、石中的含泥量和级配，监理应经常观察变化情况并抽样检测。

3）水泥检查：

① 检查施工项目部用于工程基础施工中用的水泥质量，并参与监督现场取样送检试验。

② 水泥：采用普通硅酸盐水泥，强度等级不低于 42.5MPa。

③ 进场的水泥必须有生产厂家提供的产品合格证及质量检验资料，包括生产日期、批号、初终凝时间、商品标号等具体指标，并符合《通用硅酸盐水泥》（GB 175—2007）中的要求。

④ 使用前必须经过批次复检合格（袋装 200t，散装 500t，符合要求的检验批容量可扩大一部）提供水泥性能检测合格报告，待 3 天强度检测报告合格，经监理确认后，方可使用。

⑤ 水泥使用的基本原则：先到先用，但保管不善时，必须补做标号试验，并按试验后的实际标号使用。

4）混凝土用水检查：凡一般能饮用的自来水或洁净的天然水均可使用，同时混凝土用水也要见证取样送检。

（3）审核施工项目部用于工程中的各类钢材的出厂合格证、复试验、检验报告、外观质量、规格、数量。

1）钢筋规格和各部尺寸符合设计图纸要求。

2）有生产厂家、材质证明、试验报告、加工合格证明。

3）钢筋采用搭接焊接。焊接质量必须通过拉力试验合格。

4）各类钢材的出厂合格证、复试验、检验报告、外观质量、规格、数量（30t，符合要求的检验批容量可扩大一倍）。

（4）审核商品混凝土厂家资质证明文件，审核商品混凝土出厂配合比报告强度等级是否符合图纸设计要求；对进场的商品混凝土应进行检验取样、坍落度试验并在混凝土运到交货地点时开始算起 20min 内完成，试件制作应在混凝土运到交货地点时开始算起 40min 内完成。

（5）审核电缆导管的出厂合格证、质量保证书、规格、数量、外观质量。

（6）复检报告要有检测单位红章、签字齐全才有效。

（7）对施工用的钢筋和水泥，监理应检查和监督施工单位建立钢筋、水泥跟踪台账。

（8）电缆、电缆附件、电缆接地箱等到货数量及质量。

1）电缆、电缆附件、电缆接地箱必须有生产厂家提供的产品合格证及质量检验资料，包括生产日期、技术参数、执行标准等。

2）电缆在出厂前按《额定电压 110kV 交联聚乙烯绝缘电力电缆及其附件第 1 部分：试验方法和要求》（GB/T 11017.1—2002）、《额定电压 220kV（U_m＝252kV）交联聚乙烯绝缘电力电缆及其附件 第 1 部分：试验方法和要求》（GB/T 18890.1—2015）、《额定电压 500 kV（U_m＝550kV）交联聚乙烯绝缘电力电缆及其附件 第 1 部分：额定电压 500kV（U_m＝550kV）交联聚乙烯绝缘电力电缆及其附件 试验方法》（GB/T 22078.1—2008）和其他规范的要求需做局部放电试验、交流电压试验、外护套直流电压、20℃时导体直流电阻、绝缘去气效果检验等，同时厂家需提供相应的检测报告。

3）电缆、电缆附件、电缆接地箱成品材抵达现场后按到货量分批进行现场开箱抽检合格，抽查到货数量是否与清单相符，外观质量及参数规格是否符合设计要求，检查完毕后填写材料开箱检查表。

（9）监理按相关规定对用于工程的材料进行见证取样、平行检验。需要进行见证取样的施工材料，进行见证取样送检，并对检（试）验报告进行审核，符合要求后批准进场。

4.4.3 电缆线路工程常用材料检验要求

电缆线路常用材料检验项目及取样要求见表 4-2。

表 4-2 电缆线路常用材料检验项目及取样要求

序号	材料名称	进场验收内容	检验项目	取样频率
1	砂	进场复检报告	颗粒级配比、含泥量、泥块含量、氯离子含量	按同产地、同规格每 600t 为一批次取样
2	石	进场复检报告	颗粒级配比、含水率、含泥量、泥块含量、针状颗粒含量、压碎指标、碱活性	按同产地、同规格每 600t 为一批次取样

序号	材料名称	进场验收内容	检验项目	取样频率
3	水泥	产品合格证出厂检验报告进场复检报告	细度、烧失量、需水量比、凝结时间、安定性、强度	① 散装水泥：同一厂家、同一等级、同一品种、同一批号且连续进场不超过500t为一批次。袋装水泥：同一厂家、同一等级、同一品种、同一批号且连续进场不超过200t为一批次。 ② 符合要求的检验批容量可扩大一倍。 ③ 当水泥出厂超过三个月时或对水泥质量怀疑时应进行取样复试
4	混凝土拌合用水	检验报告	pH值、氯化物、硫酸盐	取样不少于5L
5	钢筋	合格性、出厂检验报告、进场复检报告	屈服点、抗拉强度、伸长率、冷弯性能、重量偏差和力学性能检验	① 同一牌号、同一炉罐号、同一规格、同一交货状态的钢筋不超过60t为一批。 ② 符合要求的检验批容量可扩大一倍
6	钢筋机械连接接头	连接件产品合格证及套筒表面生产批号标识	接头力学性能	同一施工条件下采用同一批材料的同等级、同型式、同规格接头，应以500个为一个验收批进行检验和验收，不足500个也应作为一个验收批
7	钢筋焊接接头	钢筋、焊接材料产品合格证和试焊接头报告	接头力学性能	应以300个同牌号、同直径钢筋、同型式接头作为一批，不足300个也按一批计。（具体内容参见JGJ 18—2012《钢筋焊接及验收规程》）
8	管材	产品合格证厂家提供检测报告	外观、内径、壁厚、长度	—
9	高压电缆	质保书或合格证出厂试验报告	外观、电缆线径局部放电试验、交流电压试验、外护套直流电压、20℃时导体直流电阻	—
10	电缆附件（含电缆终端头及中间头）	质保书或合格证出厂试验报告安装说明书装箱清单	外观耐压试验	—
11	防火涂料	出厂合格证	细度、黏度、干燥时间、耐油性、耐盐水性、耐湿热性、耐冻融循环、抗弯性、阻燃性	取样不少于2kg
12	止水带	出厂合格证	尺寸公差、外观质量、拉伸强度、扯断伸长率、撕裂强度	—

4.4.4 电缆验收规则

（1）电缆产品出厂前应由生产厂的技术检验部门检查合格后方能出厂，每个出厂的包装件应由产品质量检验合格证。

（2）产品应按 GB 12706.1、GB 12706.3 等相应产品标准规定的试验项目进行试验验收。

（3）产品按规定试验频度进行抽样试验，如果一次试验的结果任一项不符合，应在同一批电缆中再取两个试样对不合格项进行试验，如果两个试样均合格，则该批电缆符合标准要求，否则该产品判为不合格。

（4）成品电缆的标志。成品电缆的护套表面上应有生产厂名、产品型号及额定电压的连续标志，标志应字迹清楚、容易辨认、耐擦。成品电缆标志应符合 GB 6995.3—2008《电线电缆识别标志方法　第 3 部分：电线电缆识别标志》规定。

（5）包装及运输、保管。

1）电缆应妥善包装在符合 JB/T 8137—2013 规定要求电缆盘上交货电缆端头应可靠密封，伸出盘外的电缆端头应钉保护罩，伸出的长度不应小于 300mm。质量不超过 80kg 的短段电缆，允许成圈包装。

2）成盘电缆的电缆盘外侧及成圈电缆的附加标签应标明：生产厂名或商标、电缆型号及规格、长度、毛重、制造日期、表示电缆盘正确旋转方向符号、标准编号等。

3）电缆运输保管。电缆避免在露天存放，电缆盘不允许平放；运输中严禁从高处扔下装有电缆的电缆盘；严禁机械损伤电缆；吊装包装件时，严禁几盘同时吊装；运输时电缆必须放稳，并用合适的方法固定，防止碰撞或翻倒。

4.4.5 不合格品的处理

监理应检查施工单位对规范中材料的"强制性条文"执行情况，不合格材料处理要求如下：

（1）材料、构配件外观质量存在重大缺陷、关键尺寸不符合要求的，施工项目部应及时发出《工程材料构配件设备缺陷通知单》，由施工项目部标识、隔离并限期运出现场；缺陷等处理完成后由施工项目部填报《设备（材料构配件）缺陷处理报验表》及相关资料，项目总监及时组织专业监理人员及相关单位人员进行验证，验证合格后同意使用。

（2）对检验或试验不合格的，可按规定再次进行取样复试；如复试不合格的，按 4.4.4（3）条款处理。

（3）设备存在缺陷的，由采购单位负责落实设备的缺陷处理。

（4）无产品质量证明文件或施工项目部自检不合格的材料、构配件，不得进场；监理工程师不再组织质量检验。

（5）如监理工程师认为施工项目部提交的产品、产品合格证明文件及检验或试验报告，仍不足以说明到场产品的质量符合要求时，应提出复验或见证取样试验要求（复试前，应取得业主认可），确认其质量合格后方允许进场。

4.4.6　常见材料复试报告检查重点

常见材料复试报告检查重点见图 4-2～图 4-5。

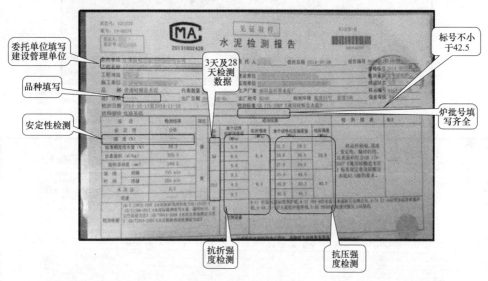

图 4-2　水泥检测报告

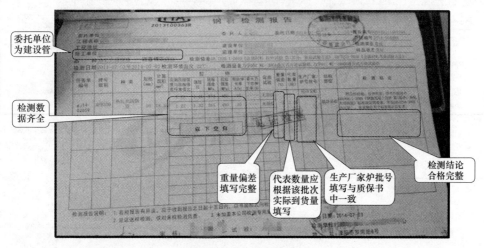

图 4-3　钢材检测报告

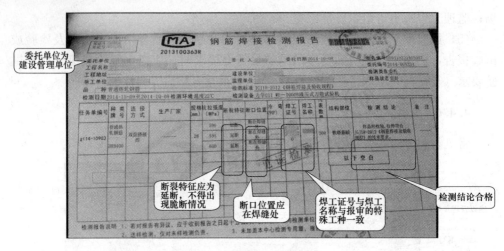

图 4-4 钢筋焊接检测报告

图 4-5 混凝土拌合用水检测报告

第 5 章

电力电缆线路土建工程施工监理

5.1　电缆工作井工程监理

5.1.1　电缆工作井工程监理特点

电缆工作井指盾构机（顶管机）组装、拆卸、吊运管片（管节）和出碴等使用的工作场所。主要有盾构始发井、盾构接收井、顶管工作井、顶管接收井。工作井建设监理工作有如下几个特点：

（1）电力工程中顶管、盾构工作井开挖深度较深，基坑支护及地基处理至关重要，监理应掌握基坑支护及地基处理的质量控制重点。

（2）工作井基坑土方开挖过程中，井点降水是否成功，决定土方能否顺利进行，监理要严格控制井点降水作业。

（3）工作井基坑土方开挖过程中，基坑变形牵涉到安全作业，监理应关注基坑变形情况。

（4）基坑开挖应从上到下依次进行，分层开挖，监理应严格控制开挖深度，督促及时架设顶撑。

（5）工作井几何尺寸涉及后续工作（盾构机、顶管机始发）是否能够顺利开展，监理需要严格管控几何尺寸。

（6）沉井下沉时筒体应满足强度要求，监理应严格控制筒体强度、下沉方式、下沉速度，避免筒体倾斜或标高有误。

（7）工作井施工可能会发生高处坠落、坍塌等事故，监理应制定相应控制措施。

5.1.2　监理依据

本节所引用的主要相关规程、规范名称及编号见表 5-1。

表 5-1　　　　　本节所引用的相关规程、规范名称及编号

序号	规范名称	编号
1	混凝土结构工程施工质量验收规范	GB 50204—2015
2	建筑地基基础工程施工质量验收规范	GB 50202—2002

序号	规范名称	编号
3	建筑基坑工程监测技术规范	GB 50497—2009
4	给排水构筑物工程施工及验收规范	GB 50141—2008
5	建筑桩基技术规范	JGJ 94—2008
6	建筑基坑支护技术规程	JGJ 120—2012

1. 工作井施工强制性条文规定

(1)《给排水构筑物工程施工及验收规范》(GB 50141—2008)。

3.1.6　工程施工质量控制应符合下列规定：

各分项工程应按照施工技术标准进行质量控制，分项工程完成后，应进行检验；相关各分项工程之间，应进行交接检验；所有隐蔽分项工程应进行隐蔽验收；未经检验或验收不得进行下道分项工程施工；设备安装前应对有关的设备基础、预埋件、预留孔洞位置、高程、尺寸等进行符合。

3.1.10　工程所用主要原材料、半成品、构（配）件、设备等产品，进入施工现场时必须进行进场验收。

进场验收时应检查每批产品的订购合同、质量合格证书、性能检验报告、使用说明书、进口产品的商检报告及证件等，并按国家有关标准规定进行复检，验收合格后方可使用。

混凝土、砂浆、防水涂料等现场配制的材料应经检测合格后方可使用。

3.2.8　通过返修或加固处理仍不能满足结构安全和使用功能要求的分部（子分部）工程、单位（子单位）工程，严禁验收。

7.3.11　用冲抓斗取土时，沉井内严禁站人；对于有底梁或支撑梁的沉井，严禁人员在横梁下穿越。

(2)《建筑地基基础工程施工质量验收规范》(GB 50202—2002)。

4.1.6　对水泥土搅拌桩复合地基、高压喷射注浆桩复合地基、砂桩地基、振冲桩复合地基、土和灰土挤密桩复合地基、水泥粉煤灰碎石桩复合地基及夯实水泥土桩复合地基，其承载力检验，数量为总数的 0.5%～1%，但不应小于 3 处。有单桩强度检验要求时，数量为总数的 0.5%～1%，但不应少于 3 根。

7.1.3　土方井挖的顺序、方法必须与设计工况一致，并遵循"开槽支撑，先撑后挖，分层开挖，严禁超挖"的原则。

7.1.7　基坑（槽）、管沟土方工程验收必须确保支护结构安全和周围环境安全为前提。当设计有指标时，以设计要求为依据，如无设计指标时应按表7.1.7的规定执行。

表7.1.7　　　　　　　　　　　基坑变形的监控值　　　　　　　　　　　（cm）

基坑类别	围护结构墙顶位移监控值	围护结构墙体最大位移监控值	地面最大沉降监控值
一级基坑	3	5	3
二级基坑	6	8	6
三级基坑	8	10	10

注　1. 符合下列情况之一，为一级基坑：
　　　1）重要工程或支护结构做主体结构的一部分；
　　　2）开挖深度大于10m；
　　　3）与临近建筑物、重要设施的距离在开挖深度以内的基坑；
　　　4）基坑范围内有历史文物、近代优秀建筑、重要管线等需严加保护的基坑。
　　2. 三级基坑为开挖深度小于7m，且周围环境无特别要求时的基坑。
　　3. 除一级和三级外的基坑属二级基坑。
　　4. 当周围已有设施有特殊要求时，尚应符合这些要求。

（3）《建筑基坑支护技术规程》（JGJ 120—2012）。

3.1.2　基坑支护应满足下列功能要求：
保证基坑周边建（构）筑物、地下管线、道路的安全和正常使用；
保证主体地下结构的施工空间。

8.1.3　当基坑开挖面上方的锚杆、土钉、支撑位达到设计要求时，严禁向下开挖土方。

8.1.4　采用锚杆或支撑结构，在未到达设计规定的拆除条件时，严禁拆除锚杆或支撑。

8.1.5　基坑周边施工材料、设施或车辆荷载严禁超过设计要求的地面荷载限值。

8.2.2　安全等级为一级、二级的支护结构，在基坑开挖过程与支持结构使用期内，必须进行支护结构的水平位移监测和基坑开挖影响范围内建（构）筑物、地面的沉降监测。

2. 工作井施工安全管理规定
（1）超过一定规模的危险性较大的分部分项工程专项方案应当由施工单位组织召开专家论证会。实行施工总承包的，由施工总承包单位组织召开专家论证会。
（2）土石方开挖前应了解地质条件和地下设施情况，制定施工方案和安装技术措施。与地质条件、周围环境及地下管线极其复杂的工程，应编制专项施工方案，并组织专家进行审查后实施。

（3）基坑的开挖应按照 JGJ 120—1999《建筑基坑支护技术规程》的规定，制定施工技术措施。

（4）采用大型机械挖土时，应对机械的停放、行走、运土方法及挖土分层深度等制订具体施工方法。

（5）模板施工按 JGJ 162—2008《建筑施工模板安装技术规程》编制施工方案，高处、复杂结构模板的安装及拆除工作应按有关规定编制专项施工方案，并经专家论证方可施工。

（6）做好沉井下沉中的降排水工作，并设备用电源，以保证沉井挖土过程中不出现大量涌水、涌泥或流砂现象，以避免造成淹井事故。

5.1.3　工作井施工监理工作流程

工作井施工监理工作流程如图 5-1 所示。

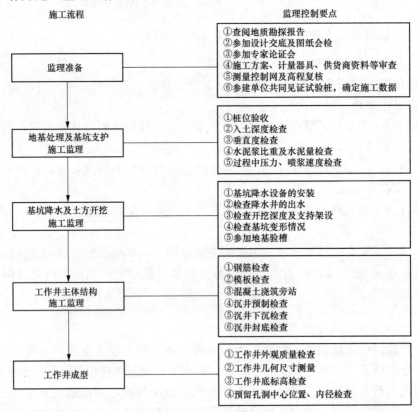

图 5-1　工作井施工监理工作流程图

5.1.4　工作井施工监理准备

（1）查阅地勘报告。掌握工作井穿越土层地质情况及地下水分布情况。

（2）参加设计交底及图纸会检，请设计明确桩基检测的具体要求。对特殊施工工艺（咬合桩垂直度），请设计明确抽检的比率。请设计明确基坑变形报警值的具体值。请设计明确咬合桩施工时钢筋笼抗倾浮措施。请设计明确基坑采用井点降水土方开挖具体时间。请设计明确结构钢筋接头具体标准。

（3）参加施工单位组织的论证会（井点降水、土方开挖）。专家对方案论证意见及建议要求施工单位进行修改，必要时请专家二次进行论证。对已按专家论证意见进行修改的方案进行审核并报业主项目部进行审批。

（4）对施工单位报审的测量专项方案由总监组织专业人员进行审核，并对现场监理人员进行测量控制交底。对施工单位报审一般方案由总监组织相关人员进行审核。

（5）根据施工方案、图纸、相关规程规范编写监理实施细则，对监理人员进行交底。

（6）审查计量器具合格证及计量认证合格证书，对照实物核对相关证书，确保均在有效期范围内，对即将过期的，督促施工单位提前进行计量检查。

（7）审查电工、测量工、机械操作工等特殊工种上岗证件有效性，对照进场人员核对相关证书，确保人证一致。

（8）对测量控制网及高程点进行复核，督促施工单位对控制点做好保护措施。

（9）审查水泥、钢筋、混凝土生产厂家资质，审查质量证明文件、复试报告等质量证明文件，必要时会同业主、设计、施工到厂家实地考察。

（10）对进场的水泥、钢筋、混凝土按规定进行见证取样。

（11）对进场施工机械生产合格证、安装检验合格证进行检查，避免设备带病作业。

（12）会同业主、设计、施工共同见证地基处理试桩，根据试桩，设计进行必要的参数修改。

5.1.5　施工阶段监理控制要点

1. 地基处理

（1）高压旋喷桩。

1）根据施工图纸，对施工单位放设的桩位进行复核，确保满足精度要求。

2）根据施工图纸，确定入土深度，检查现场管节配置数量，须满足入土深度要求。

3）根据施工图纸水灰比要求检查现场拌制水泥浆的稠度，根据单桩水泥浆用量，检查现场配置罐装浆液的数量。

4）沉管过程，检查入土管节数量，确保深度满足要求。

5）喷浆过程中检查空气压力表的压力，须大于或等于设计要求。检查流量表的使用情况，检查喷浆速度，检查浆液用量。喷浆应连续进行。

6）喷浆结束后督促施工单位清洗管节。

（2）三轴搅拌桩。

1）根据施工图纸，对施工单位放设的桩位进行复核，确保满足精度要求。

2）根据施工图纸，确定入土深度，在机架上进行表设，对机架垂直度进行检查，满足图纸要求。

3）检查桩头搅拌叶长度，须满足桩径要求。检查三个桩头距离，须满足套接要求。

4）根据施工图纸水灰比要求检查现场拌制水泥浆的稠度，根据一组搅拌桩水泥浆用量，检查现场配置罐装浆液的数量。

5）沉桩到位后，根据机架标识检查入土深度，须大于或等于图纸要求。

6）喷浆过程中检查流量计的使用情况，检查喷浆速度，检查浆液用量。喷浆应连续进行。

2. 基坑支护

（1）咬合桩监控。

1）对导墙定位偏差和垂直度进行检查，孔口定位偏差±10～±25mm，垂直度小于或等于 3‰。

2）对进场套管顺直度进行检查，顺直度小于或等于 3‰。

3）机械就位后，对工作平台平整度进行检查。

4）套管就位后，检查其垂直度，垂直度小于或等于 3‰（相互垂直的方向上布置两台经纬仪检查垂直度）。

5）套管在切压过程中，两台经纬仪随时检查套管与桩孔的垂直度，发现偏差及时通知纠正。垂直偏差不大于 3‰。

6）沉管到位后，检查成孔垂直度，满足要求接套管继续沉管，如不满足要求，进行纠正。

7）成孔结束后，对其垂直度、入土深度进行检查，满足要求后进行下道工序施工。

8）检查钢筋笼制作是否满足要求，检查钢筋笼定位控制、防倾浮装置、吊点是否满足要求。

9）钢筋笼入孔时进行旁站检查（钢筋笼下放时，应对准孔位中心采用正、反旋转慢慢逐步下放，放至设计标高立即固定），上下节钢筋笼接头焊接后应对外观质量进行检查。

10）混凝土浇筑时须进行旁站检查。

11）严格控制咬合桩工顺序：先间隔施工 B 桩（素混凝土桩），在 B 桩混凝土初凝前，用液压套管钻孔切割 B 桩部分桩体后施工 B 桩之间的 A 桩（钢筋混凝土桩），最终形成 A 桩与 B 桩的咬合结构。

12）严格控制 A 桩（钢筋混凝土桩）施工时间，A 桩应在 B 桩（素混凝土桩）初凝前施工完毕。

(2) 灌注桩监控。

1）根据图纸，对施工单位放设的桩位进行检查。

2）对现场配置的泥浆进行检查，泥浆质量控制主要指标为比重 1.1～1.25，黏度 18～25s，含砂率≤5%，必要时，加适量的添加剂。

3）对埋设钢护筒进行检查，护筒采用钢护筒，用 5mm 的钢板制作，其内径大于钻头直径 200mm。护筒顶部应开 1～2 个溢浆口。

4）钻机就位后对其进行检查，必须保持平稳，不发生倾斜、位移。钻机就位误差：水平高差不超过 3mm；中心偏差不大于 15mm。

5）成孔后对孔深、孔径、垂直度、沉渣厚度、泥浆比重进行检查（建议业主委托第三方检测单位进行）。

6）检查钢筋笼制作是否满足要求，吊点是否满足要求。

7）钢筋笼入孔时进行旁站检查（钢筋笼下放时，应对准孔位中心采用正、反旋转慢慢逐步下放，放至设计标高立即固定），上下节钢筋笼接头焊接后应对外观质量进行检查。

8）混凝土浇筑时须进行旁站检查。

9）灌注首批混凝土时，导管埋入混凝土内的深度不小于 1.5m。

10）连续灌注混凝土：混凝土灌注正常后，应连续不断灌注混凝土，严禁中途停工（两次混凝土灌注间隔不能大于 30min）。在灌注过程中，应经常用测锤探测混凝土面的上升高度，并适时提升、逐级拆卸导管，保持导管的合理深度。探测次数一般不宜少于所使用的导管节数，并应在每次起升导管前探测 1 次管内外混凝土面高度。

3. 基坑降水

(1) 降水设备的安装。

1）检查水泵和控制系统作一次全面细致的检查，检查电动机的旋转方向，各部位的螺栓是否拧紧，电缆接头的封口是否松动，电缆线有无破损折断。然后在地面空转 3～5min，无问题后放入井中使用。

2）对所有排水线路检查，以保证排水通畅，无渗漏。

（2）检查井点降水的出水。

1）在试抽时，要检查降水井出水情况，如发现盲井或抽水长时间为浑水时，应及时进行处理，管井经检查合格后，用粘土将上部深约1.5m的部分填塞密实。

2）降水井要求连续工作，保证正常抽水，不得随意停泵。

3）在降水过程中，及时检查测量观察井的水位，降水按基本保持基坑干燥考虑基坑中点水位以降至基坑底面以下不大于1m为宜。

4）降水运行应与基坑开挖施工互相配合，严格要求施工单位按照设计和施工方案确定的施工程序进行，在降水井施工阶段应边施工边疏干，保证基坑在无水干燥的条件下开挖土方。

4．基坑开挖

（1）检查施工单位是否按照批准的专项施工方案施工；是否按照预定的开挖顺序和开挖方法挖土；土方开挖顺序、方法是否与设计工况一致，并遵循"开槽支撑，先撑后挖"的原则。

（2）挖土方式要尽可能使支护结构均匀受力，减少变形。检查是否有未分层、超挖现象，检查支撑是否按时撑到位。开挖是否符合"分层、分块、均衡、对称"的挖土原则。

（3）检查支撑体系是否按设计要求设置，垂直方向支撑实际作用点位置与设计标高的偏差不大于±20mm，支撑轴线平面位置偏差不大于±30mm，支撑两端的标高偏差不大于20mm和支撑长度的1/600，支撑的挠曲度不大于1/1000，在特殊情况下，如需调整支撑位置应事先征得设计单位的同意，支撑端面和围护结构的接触面应垂直和平整，使之受力均匀。

（4）基坑边严禁堆放土方，基坑边6m范围内堆放钢筋、砂石料等材料要求附加荷载不大于15kPa。

（5）基坑土方开挖至基坑底15~30cm，应采用人工开挖，不得超挖。

（6）基坑开挖到设计坑底标高后要及时做砖胎模和素混凝土垫层，严禁基坑坑底长时间暴露。

（7）及时审阅监测报告和施工方监测信息，如有异常，立即汇集施工、设计、监测、建设等单位共同研究，确定是否需要采取应急措施。

5．工作井主体结构及沉井预制下沉

（1）现浇井钢筋检查。

1）检查配置的钢筋级别、直径、根数和间距均是否符合设计要求，绑扎或焊接的钢筋网和钢筋骨架，不得有变形、松脱和开焊。

2）检查板和墙的钢筋，除靠近外围两行钢筋的相交点全部扎牢外，中间部分交叉点可间隔交错扎牢，但必须保证受力钢筋不产生位置偏移；双向受力的钢筋，必须全部扎牢。

3）采用扭力扳手检查机械连接接头拧紧力矩值的施工质量。抽检数量为：梁、柱构件按接头数的 15％，且每个构件的接头抽检数不得少于一个接头，抽检的接头应全部合格；如有一个接头不合格，则该验收批接头应逐个检查并拧紧。直螺纹钢筋接头拧紧力矩见表 5-2。

表 5-2　　　　　　　　　　　　　直螺纹钢筋接头拧紧力矩值

钢筋直径（mm）	16～18	20～22	25	28	32	36～40
拧紧力（N·m）	100	200	250	280	320	350

（2）现浇井模板检查。

1）要求具有足够的承载能力，刚度和稳定性，能可靠地承受新浇筑混凝土的自重和侧压力，以及在施工过程中所产生的荷载。

2）模板及其支架在安装过程中，须检查是否设置防倾覆的临时固定设施。

3）现浇梁、板，当跨度大于或等于 4m 时，检查模板是否起拱。当设计无具体要求时，起拱高度宜为全跨长度的 1/1000～3/1000。

4）检查固定在模板上的预埋件和预留孔洞是否存在遗漏，安装是否牢固，位置是否准确。

5）主体结构的模板及其支架拆除时，混凝土强度应符合设计及规范要求。

（3）混凝土浇筑检查。

1）检查进场混凝土强度等级、抗渗等级等是否与设计值相符。

2）在浇筑混凝土前，检查模板内的杂物和钢筋上的油污等是否清理干净；对模板的缝隙和孔洞应予堵严；对木模板隔离剂是否涂刷均匀。

3）浇筑中不得发生离析现象。当浇筑高度超过 2m 时，应采用串筒、溜管或振动溜管使混凝土下落。

4）控制混凝土浇筑层厚度。表面振捣控制在 200mm，插入式振捣控制在振捣器作用部分的 1.25 倍。

5）混凝土浇筑过程中，要观察模板、支架、钢筋、预埋件和预留孔洞的情况，当发现有变形、移位时，应及时采取措施进行处理。

6）混凝土浇筑要求连续进行。当必须间歇时，其间歇时间宜缩短，并应在前层混凝土凝结之前，将次层混凝土浇筑完毕。

7）主体结构混凝土试件，须在混凝土的浇筑地点随机取样检查，确保其真实性、代表性，试件的留置应符合相关规定。

（4）沉井预制监理检查。

1）审查承包商确定的沉井方式（主要指干沉井或湿式沉井）是否恰当，能否保证施工安全和施工质量。

2）复核定位桩，满足要求后，可进行垫层施工，垫层应严格按设计要求施工。重点检查砂垫层厚度，混凝土垫层轴线、宽度、厚度、平整度、水平。

3）沉井制作采取在刃脚下设置木垫架或砖垫座的方法，其大小和间距要根据荷重计算确定。

4）沉井刃脚及筒身混凝土的浇筑要求分段、对称均匀、连续进行，防止发生倾斜、裂缝。第一节混凝土强度等级达到70%，方可浇筑第二节。

5）沉井筒身混凝土浇筑要求密实，检查外表面是否平整、光滑。有防水要求时，检查支设模板穿墙螺栓中间是否加焊止水环，筒身在水平施工缝处应设凸缝或设钢板止水带，突出筒壁面部分应在拆模后铲平，以利于防水和下沉。

（5）沉井下沉监理检查。

1）下沉前应进行井壁外观检查，检查混凝土强度及抗渗等级，并根据勘测报告计算极限承载力，计算沉井下沉的分段摩阻力及分段的下沉系数（≥1.15），作为判断每个阶段可否下沉，是否会出现突沉以及确定下沉方法及采取措施的依据。

2）检查沉井第一节强度是否达到设计强度的100%，第二节达到70%设计强度方可下沉。下沉前检查凿除刃脚素混凝土垫层和砖胎模，遵循先内后外、对称的原则。

3）要求在沉井四周井壁上画出测量标尺寸，并设立水平指示尺。在下沉过程中，督促施工单位加强观测，及时纠偏。水平位移不超过下沉总深度的0.5%，且不大于100mm。

4）检查沉井接高的轴线应与沉井中轴线是否重合或平行。在接高时混凝土浇筑过程中应尽量使沉井刃脚踏面处压力保持均匀，防止因荷载不均匀而引起沉井偏斜。

5）沉井即将沉至设计高程时，应加强观测，防止超沉。要求采用人工挖土，并预留一定的自沉量，以保证正确沉至设计标高。

6）沉井挖出之土方用吊斗吊出，运往弃土场，不得堆在沉井附近。

（6）沉井封底监理检查。

1）沉井下沉至设计标高，再经2～3天下沉稳定，或经观测在8h内累计下沉量不大于10mm，方可进行封底。

2）应将底板和井壁接触处部位凿毛和清洗，避免封底后渗漏。

3）底板浇筑前必须对预埋件插筋进行检查，确保位置正确，混凝土浇筑完毕后，集水井必须配专人抽水，并连续运转。

5.1.6 工作井成型检查

（1）检查工作井外观质量，不允许出现严重缺陷。

（2）检查工程外形尺寸，采用钢尺测量，每座井检查2点，要求不得小于设计值。

（3）采用水准仪检查工作井底标高，每座井检查 4 点，偏差值为±30mm。

（4）进出工作井预留孔洞的位置检查，采用经纬仪对预留孔洞中心位置检查，偏差不超过 20mm，用钢尺对预留孔洞的内径检查，偏差要求为±20mm。

5.2　盾构电缆隧道工程监理

5.2.1　盾构电缆隧道工程监理特点

电缆隧道在城市中施工通常受地形、地貌、江河水域等地表环境条件的限制，尤其是在大深度、高地下水压下施工时，采用明挖隧道施工时成本较高，且对周边环境影响较大，而盾构隧道施工不受地表环境条件的限制；地表占地面积小，征地费用少；在大深度、高地下水压施工时，成本相对较低，目前在城市电缆线路通道施工中日益得到较多应用。盾构电缆隧道建设监理工作有如下几个特点：

（1）城市人口密集，供水、供热、燃气、通信等地下管线复杂，涉及面广泛，工程施工中遇到问题复杂多样。盾构施工为暗挖工程，施工沿线地质条件复杂多变，盾构隧道施工工期和投资具有很多不确定因素，监理人员需具备较强的组织协调能力和专业知识。

（2）盾构施工沿线地质条件不同，对应的盾构施工参数变化较大，地质勘查报告的详尽程度对盾构施工有重要影响。对于地质条件变化较大、对工程影响较大的地段，监理人员可要求适当加密地质勘查布点，并根据加密布点的地质勘查报告，要求施工单位对施工方案进行相应调整。盾构在软硬不同地质环境中掘进，盾构机轴线与隧道设计轴线之间不可避免地产生偏差，监理人员应加强盾构隧道轴线纠偏的控制。

（3）盾构施工一旦开始，盾构就无法后退。由于管片内径小于盾构外径，如果后退必须拆除已拼装的管片，这是非常危险的。另外，盾构后退也会引起开挖面失稳、盾构止水带损坏等一系列问题。一旦遇到障碍物或刀具磨损等问题只能通过实施辅助施工措施后，打开隔板上设置的出入孔从压力人仓进入土仓进行处理。所以，盾构施工的前期准备工作非常重要，尤其是盾构机的选型对工程目标的实现有决定性作用。盾构施工前必须严格审查施工方案，对盾构选型和功能及技术性能配置、开仓换刀等关键方案必须要求施工单位组织专家进行论证。

（4）盾构施工控制参数较多，参数之间相互影响，参数的控制是一个系统工程。盾构始发 50～100m 为试掘进段，通过试掘进确定控制参数，当地质条件变化时，需调整相应的参数。管片拼装质量、防水性能都与盾构参数有很大关系。

因此监理人员要通过加强盾构施工参数管控，提高管片拼装质量，减少成型隧道的后期处理成本。

（5）地下工程施工安全风险大，盾构施工过程中盾构吊装、土方开挖、背后注浆等可能发生高空坠落、物体打击、坍塌、中毒、机械伤害等事故，盾构隧道施工为有限空间作业，施工过程中容易发生窒息、触电等事故。监理应当对现场安全文明施工进行重点关注。

5.2.2 监理依据

本节所引用的主要规程、规范及编号见表5-3。

表 5-3　　　　　　本节所引用的主要规程、规范名称及编号

序号	规范名称	编号
1	盾构法隧道施工及验收规范	GB 50446—2008
2	地下铁路工程施工及验收规范	GB 50299—1999
3	预制混凝土衬砌管片	GB 22082—2008
4	地下工程防水技术规范	GB 50108—2008
5	危险性较大的分部分项工程安全管理办法	建质〔2009〕87号

1. 盾构隧道施工强制性条文规定

（1）《地下铁路工程施工及验收规范》（GB 50299—1999）。

7.10.1 隧道施工应设双回路电源，并有可靠切断装置。照明线路电压在施工区域不得大于36V，成洞和施工区以外地段可用220V。

7.10.3 隧道施工范围内必须有足够照明。交通要道、工作面和设备集中处并应设置安全照明。

7.10.4 动力照明的配电箱应封闭严密，不得乱接电源，应设专人管理并经常检查、维修和养护。

7.10.8 隧道施工应采用机械通风。当主风机满足不了需要时，应设置局部通风系统。

7.10.9 隧道内通风应满足各施工作业面需要的最大风量，风量应按每人每分钟供应新鲜空气 $3m^3$ 计算，风速为 $0.12\sim0.25m/s$。

8.1.3 盾构设备制造质量，必须符合设计要求，整机总装调试合格，经现场试掘进 $50\sim100m$ 距离合格后方可正式验收。

8.4.2 盾构掘进速度，应与地表控制的隆陷值、进出土量、正面土压平衡调整值及同步注浆等相协调。如停歇时间较长时，必须及时封闭正面土体。

8.4.3 盾构掘进中遇有下列情况之一时，应停止掘进，分析原因并采取措施：

1 盾构前方发生坍塌或遇有障碍；

2 盾构自转角度过大；

3 盾构位置偏离过大；

4 盾构推力较预计的增大；

5 可能发生危及管片防水、运输及注浆遇有故障等。

8.5.1 气压盾构的最低气压应满足工作面稳定和防止涌水的需要。遇有透水性强的地层且覆土厚度较小时，必须采取措施，保证安全。

8.5.5 气压盾构工作面应保持安全、卫生、空气新鲜，并符合劳动保护卫生要求。

8.8.2 钢筋混凝土管片拼装前应逐块对粘贴的防水密封条进行检查，拼装时不得损坏防水密封条。当隧道基本稳定后应及时进行嵌缝防水处理。

8.11.5 钢筋混凝土管片，每生产 50 环应抽查 1 块管片做检漏测试，连续三次达到检测标准，最终检测频率为每生产 100 环抽检 1 块管片，再连续三次达到检测标准，最终检测频率为每生产 200 环抽检 1 块管片做检漏试验。如果出现一次检测不达标，则恢复每生产 50 环抽查 1 块管片做检漏测试的最初检测频率，再按上述要求进行抽检。每套模具每生产 200 环应做一组（3 环）水平拼装检验，其水平拼装检验标准应符合表 8.11.5 的规定。

表 8.11.5　　　　　　　　　管片水平拼装检验标准

项目	检验要求	检验方法	质量误差（mm）
环向缝间隙	每环测 6 点	插片	2
纵向缝间隙	每条缝测 3 点	插片	2
成环后内径	测 4 条（不放衬垫）	用钢卷尺	±2
成环后外径	测 4 条（不放衬垫）	用钢卷尺	−2～+6

（2）《盾构法隧道施工与验收规范》（GB 50446—2008）。

3.0.10 盾构法隧道施工必须采取安全措施，确保施工人员和设备安全。

3.0.11 盾构法隧道施工必须采取必要的环境保护措施。

4.1.4 盾构掘进施工必须建立施工测量和监控量测系统。

5.1.5 同一贯通区间内始发井和接收井所使用的地面近井控制点间必须进行直接联测，并与区间内的其他地面控制点构成附合线路或附合网。

5.1.6 隧道贯通后必须分别以始发和接收工作井的地下近井控制点为起算数据，采用附合线路形式，对原有控制点重新组合或布设并施测地下控制网。

6.4.1 模具必须具有足够的承载能力、刚度、稳定性和良好的密封性能，并应满足管片的尺寸和形状要求。

7.9.5 带压更换道具必须符合下列要求：

1 通过计算和试验确定合理气压，稳定工作面和防止地下水渗漏；

2 刀盘前方地层和土仓满足气密性要求；

3 由专业技术人员对开挖面稳定状态和刀盘、刀盘磨损状况进行检查，确定刀具更换专项方案与安全操作规定；

4 作业人员应按照刀盘更换专项方案和安全操作规定更换刀具；

5 保持开挖面和土仓空气新鲜；

6 作业人员进仓工作时间符合表 7.9.5 规定。

表 7.9.5　　　　　　　　　作业人员进仓做工时间表

仓内压力（MPa）	工作时间		
	仓内工作时间（h）	加压时间（min）	减压时间（min）
0.01～0.13	5	6	14
0.13～0.17	4.5	7	24
0.17～0.255	3	8	51

注 24h 内只允许工作 1 次。

12.0.1 根据盾构类型、地质条件和工程实际，应制定盾构安全技术规程和应急预案，确保施工作业在安全和卫生环境下进行。

15.1.2 监控量测范围应包括盾构隧道和沿线施工环境，对突发的变形异常情况必须启动应急监测方案。

15.4.4 当实测变形值大于允许变形的 2/3 时，必须及时通报建设、施工、监理等单位，并应采取相应措施。

2. 盾构隧道施工安全管理规定

（1）隧道内电缆线路布置与敷设应符合下列规定：

1）成洞地段固定电线路应采用绝缘线；施工工作面区段的临时用电线路宜采用橡套电缆；竖井和正线处宜采用铠装电缆。

2）照明和动力电线（缆）安装在隧道同一侧时，应分层架设，电缆悬挂高度距地面不应小于 2m。

3）36V 变压器应设置于安全、干燥处，外壳应接地。

4）动力干线的每一支线必须装设开关及保险丝具。不得在动力线上架挂照明设施。

（2）空压机站输出的风压应能满足同时工作的各种风动机具的最大额定风量；

设置的位置宜在竖井地面附近，并应采取防水、降温、保温和消声措施。

（3）隧道内施工环境应符合下列规定：

1）氧气含量按体积比不应小于20％。

2）有害气体浓度：一氧化碳含量不应大于30mg/m³；二氧化碳按体积计不应大于5‰；氮氧化物换算（NO_2）含量不应大于5mg/m³。

3）气温不应超过28℃。

4）噪声不应大于90dB。

（4）地下暗挖工程施工单位必须组织专家论证会。

5.2.3　盾构法隧道施工监理工作流程

盾构法隧道施工监理工作流程如图5-2所示。

5.2.4　施工准备阶段监理工作要点

1. 准备阶段监理一般规定

（1）详细了解施工沿线的工程地质和水文地质情况，核对隧道沿线地质资料，对疑难地段，必要时进行复勘。

（2）对工程影响范围内的道路、交通流量、地下管线、地面建（构）筑物及文物等进行现场踏勘和调查，对需要加固或基础托换的建（构）筑物应做详细的调查；对重点部位（地下燃气管道等）采取保护措施并加强监控。

（3）熟悉盾构隧道施工图设计文件，学习相关规程、规范、工程监理规定，并组织监理人员进行施工前培训与技术交底。

（4）审查施工组织设计及施工方案、质量安全措施并监督技术交底工作，穿越江河、穿越文物等特殊地段的施工必须编制专项方案。根据施工方案，编制盾构施工监理实施细则。

（5）检查施工机械、工器具配备是否符合施工技术方案要求，机具维护保养工作状态是否正常，安全系数应符合规定。盾构及配套设备应由专业厂家制造，其质量必须符合设计要求；盾构制造完成后应经总装调试合格之后出厂，并应提供盾构质量保证书。

（6）审查计量器具合格证及计量认证合格证书，对照实物核对相关证书，确保均在有效期范围内，对即将过期的，督促施工单位提前进行计量检查。

（7）检查进场的原材料水泥、水玻璃、添加剂等原材料出厂合格证、进场试验报告应符合规定。

（8）检查进场管片连接螺栓、防水密封条等的出厂合格证、进场试验报告应符合规定。

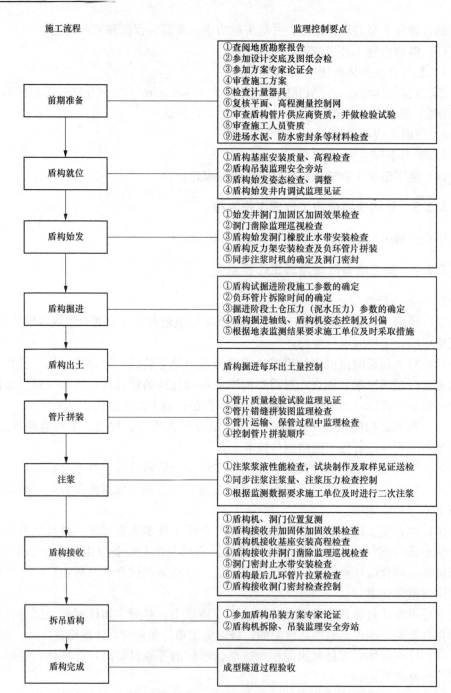

施工流程

监理控制要点

前期准备
①查阅地质勘察报告
②参加设计交底及图纸会检
③参加方案专家论证会
④审查施工方案
⑤检查计量器具
⑥复核平面、高程测量控制网
⑦审查盾构管片供应商资质,并做检验试验
⑧审查施工人员资质
⑨进场水泥、防水密封条等材料检查

盾构就位
①盾构基座安装质量、高程检查
②盾构吊装监理安全旁站
③盾构始发姿态检查、调整
④盾构始发井内调试监理见证

盾构始发
①始发井洞门加固区加固效果检查
②洞门凿除监理巡视检查
③盾构始发洞门橡胶止水带安装检查
④盾构反力架安装检查及负环管片拼装
⑤同步注浆时机的确定及洞门密封

盾构掘进
①盾构试掘进阶段施工参数的确定
②负环管片拆除时间的确定
③掘进阶段土仓压力(泥水压力)参数的确定
④盾构掘进轴线、盾构机姿态控制及纠偏
⑤根据地表监测结果要求施工单位及时采取措施

盾构出土
盾构掘进每环出土量控制

管片拼装
①管片质量检验试验监理见证
②管片错缝拼装图监理检查
③管片运输、保管过程中监理检查
④控制管片拼装顺序

注浆
①注浆浆液性能检查,试块制作及取样见证送检
②同步注浆注浆量、注浆压力检查控制
③根据监测数据要求施工单位及时进行二次注浆

盾构接收
①盾构机、洞门位置复测
②盾构接收井加固体加固效果检查
③盾构机接收基座安装高程检查
④盾构接收井洞门凿除监理巡视检查
⑤洞门密封止水带安装检查
⑥盾构最后几环管片拉紧检查
⑦盾构接收洞门密封检查控制

拆吊盾构
①参加盾构吊装方案专家论证
②盾构机拆除、吊装监理安全旁站

盾构完成
成型隧道过程验收

图 5-2 盾构法隧道施工监理工作流程

（9）复核平面、高程测量控制网。施工单位要做好施工时的平面、高程控制网，监理检查施工单位轴线控制桩位置，检查轴线位置、高程控制标志，检查盾构机姿态，复核地面测点传递至隧道内，确定正确的始发方向。

2. 准备阶段监理工作要点

（1）查阅地勘报告，了解掌握路径沿线土层种类、物理力学指标（地下水位、含水率、塑性指数、液限指数、渗透系数、土颗粒级配、黏聚力、内摩擦角），根据物理指标分析是否对路径进行加固处理。了解路径地质地层是否有断层现象及穿越地层土质软硬分布情况，根据土层物理指标估算土仓（泥水仓）压力值。

（2）参加设计交底及图纸会检，对图纸中有关管片拼装质量、隧道防水设计、施工参数、成型隧道质量、特殊条件下施工措施等，设计表述不清的部分及时要求设计解释。

（3）参加施工单位组织的专家论证会（盾构机选型、盾构施工方案、盾构机吊装等）。对暂定的盾构类型根据安全可靠性、技术先进性、经济合理性原则进行复核，如有异议提出监理意见。盾构机选型见表 5-4 和表 5-5。

表 5-4　　　　　　　　盾构机选型与土质、辅助工法的关系

地质条件				密闭式盾构机					
				土压平衡盾构			泥水平衡盾构		
				辅助工法			辅助工法		
分类	土质	N 值	含水率（%）	无	有	种类	无	有	种类
冲积性黏土	腐殖土	0	>300	×	△	A	×	△	A
	淤泥、黏土	0～2	100-300	○	—		○	—	
	砂质淤泥黏土	0～5	>80	○	—		○	—	
	砂质淤泥黏土	5～10	>50	○	—		△	—	
洪积性黏土	垆姆黏土	10～20	>50	△	—		○	—	
	砂质垆姆黏土	15～25	>50	△	—		○	—	
	砂质垆姆黏土	>20	>20	△	—		○	—	
软岩	风化页岩、泥岩	>50	<20	—	—		—	—	
砂质土	混杂淤泥黏土的砂	10～15	<20	○	—	A	○	—	A
	松散砂	10～30		△	○		△	○	
	密实砂	>30		△	—		○	—	
砂砾大卵石	松散砂砾	10～40		△	△	A	△	△	A
	固结砂	>40		△	△	A	△	—	A
	混有大卵石的砂砾			△	△	A	△	—	A
	大卵石层			△			△		

注　1. 无：不使用辅助工法；○：原则上适合条件；A：化学注浆工法。
　　有：使用辅助工法；△：使用时须加讨论。
　　×：原则上不适合的条件；—：特殊情况下也可以使用。
　　2. ○主要表示希望选定的工法，但是也包括部分土质不适合的、不得不采用的情形。

表 5-5　　　　　　　　　盾构机选型与土体渗透系数、地下水压的关系

使用条件			密闭式盾构机	
			土压平衡式	泥水平衡式
土体渗透系数	无		★	×
	渗透系数（m/s）	$>1.0×10^{-4}$	×	★
	渗透系数（m/s）	$1.0×10^{-7}～10^{-4}$	★	★
	渗透系数（m/s）	$<1.0×10^{-7}$	★	☆
地下水	水压	$>0.3MPa$	※	★
	水压	$<0.3MPa$	★	★

　　注　标有★者，为首选适用；标有☆者，为次选适用；标有※者，为有条件（即采取一定的辅助措施后）适用；标有×者，为不适用。

　　（4）审查盾构管片供应商资质，审查质量证明文件、复试报告等质量证明文件，并会同业主、设计、施工到厂家实地考察并见证管片检验试验。

　　（5）盾构掘进施工必须建立施工测量和监控量测系统，控制隧道位置，对地层及结构进行监测，并及时反馈信息。审查施工单位监测方案，审查第三方监控量测单位、人员资质、仪器仪表质量证明文件。

5.2.5　施工阶段监理质量控制要点

　　1. 盾构始发阶段监理

　　（1）盾构始发阶段主要工作。

　　盾构始发阶段是指从破除洞门、盾构初始推进到盾构掘进、管片拼装、壁后注浆、渣土运输等全工序展开前的施工阶段，是控制盾构掘进施工的首要环节。其主要内容包括：始发前竖井端头的地层加固、安装盾构始发基座、盾构组装及试运转、安装反力架、凿除洞门临时墙和维护结构、安装洞门密封、盾构姿态复核、拼装负环管片、盾构贯入作业面建立土压和试掘进等。盾构始发流程如图5-3所示。

　　（2）盾构始发阶段的监理控制要点。

　　在盾构始发各项准备工作中，监理需监督施工单位做好充分的设备、技术、人员、材料准备，并对盾构是否具备始发条件予以审查，确保盾构在安全可靠的前提下能顺利始发。

　　1）始发井土体加固效果检查。

　　为了确保盾构安全始发，盾构始发前需对出洞区域洞口土体进行加固。土体采用不同方法加固后均须达到设计要求的强度，起到防塌、防水的作用。为了防止端头井加固效果不好，造成开洞门时土体失稳，引起土体坍塌和水土流失，或

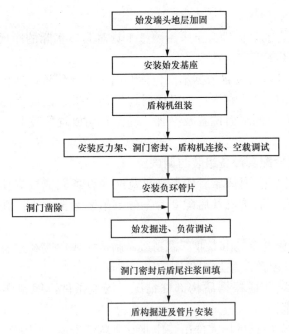

图 5-3　盾构始发流程图

者端头井加固长度不足，造成盾构始发过程中刀盘从加固土体进入原状土体时发生"叩头"现象，监理人员必须对土体加固效果进行检验。

① 土体加固效果检查的内容包括土体加固范围、加固体的止水效果和强度。土体强度提高值和止水效果应达到设计要求，防止地层发生坍塌和涌水。

② 现场监理人员应要求施工单位必须现场取芯做强度、抗渗的土工试验，验证加固效果。在确保加固效果满足设计要求的前提下，同意盾构始发；如不能满足设计要求时，应分析原因并采用补强措施。

③ 要求施工单位制定始发洞门拆除方案，采取适当密封措施，以保证始发安全。

④ 在出现开洞门失稳现象时，在小范围的情况下可采取边破除洞门混凝土，边喷射素混凝土的方法对土体临空面进行封闭。若土体坍塌失稳严重时，只能封闭洞门重新加固。

2）始发基座安装检查。

盾构始发前需将盾构机准确的搁置在符合设计轴线的始发基座上，待所有准备工作就绪后，沿设计轴线向地层内掘进施工。由于盾构在加固区中很难进行纠偏，因此必须保证盾构以良好的姿态进入加固区。同时盾构出洞前盾构始发基座定位的准确与否，直接影响到盾构机始发姿态好坏。监理在检查盾构始发基座时，应重点复核以下内容：

① 在基座设置前，监理人员采用测量工具对洞口实际的净尺寸、直径、洞门中心的平面位置及高程进行复核。

② 盾构始发基座的设置依据不仅包括洞门中心的位置，还包括设计坡度与平面方向。在始发基座设置完毕，为确保盾构机能以最佳的姿态出洞，监理人员应复核基座顶部导向轨的平面位置及高程，确保盾构放置位置和方向满足设计轴线的要求。

3）盾构机及后配套设备组装与调试。

盾构法隧道施工主要依靠盾构掘进机及配套设备完成掘进任务，由于受工作井内空间限制，需将盾构机及后配套台车分节吊装运至井下，并在井下安装、调试和试运转。

① 盾构及配套设备应由专业厂家制造，制造完成后应经过总装调试合格后出厂，监理单位应要求施工单位提供盾构质量保证书。

② 盾构机组装前应根据盾构部件情况、场地条件，编制详细的盾构组装方案，并经过监理审批。

③ 监理人员需审查进场大件吊装作业专业队伍资质，组装现场应配备消防设备，明火、电焊作业时，必须有专人负责。

④ 监理在井下验收工作中的重点是对盾构机及后配套设备主要部件和系统检查和核对，并对试运转情况进行见证，验收合格后方可批准盾构机及配套设备投入使用。

⑤ 审查盾构机吊装专项施工方案。采用非常规起重设备、方法，且单件起吊重量在100kN及以上的起重吊装工程为超过一定规模的危险性较大的分部分项工程，专项施工方案需附安全验算结果，并组织专家论证会。

4）盾后支撑系统安装检查。

盾构前进的动力通过千斤顶来提供，而盾构始发时千斤顶顶力作用在盾后支撑系统之上。盾后支撑体系由钢反力架、钢支撑、负环管片等组成，监理在监督过程中应重点关注盾后支撑系统是否满足其技术要求，即盾后支撑系统必须有足够的刚度和强度，确保在最大推力作用下不发生变形。

盾构反力架的作用是在盾构始发掘进时提供盾构向前推进所需的反作用力，盾构始发掘进前应首先确定反力架的形式，并根据盾构推进时所需的最大推力进行校核，然后根据设计加工反力架，待反力架安装完毕后，方可进行始发掘进。如图5-4所示。

① 监理人员需根据施工单位提供的施工方案，按照最大千斤顶的顶推力验算反力架强度是否满足要求。

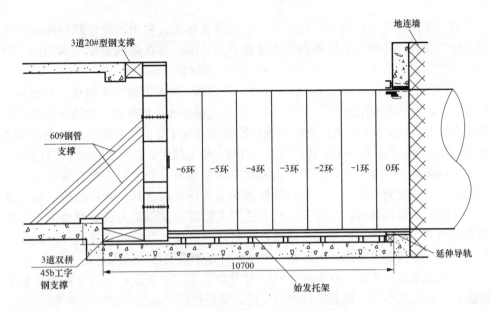

图 5-4　反力架与负环管片安装示意图

② 监理人员现场需检查反力架的安装质量，反力架要和端墙紧贴形成一体，保证有足够的接触面积。反力架和端墙之间不得出现缝隙，若存在缝隙要求施工单位补填钢板，且钢板要分别与反力架和洞门圆环焊牢。

③ 反力架安装完毕，监理人员应要求施工段单位对反力架安装的垂直度进行测量，保证反力架和盾构推进轴线垂直，确保反力架安装的质量。

5）盾构始发。

① 洞门围护结构凿除。

盾构在始发前需根据洞门围护结构破除方案，对始发井出洞侧洞口围护结构分两次进行凿除，一方面清除盾构出洞前障碍，另一方面第一次凿除围护结构后通过打探孔可进一步直观地观察盾构出洞土体加固的效果。监理在洞门围护结构凿除后应对其后土体自立性、渗漏等情况进行观察，判断出洞区域土体的实际加固效果是否满足盾构安全始发的要求。

② 盾构始发止水密封装置安装。

由于隧道洞口与盾构之间存在建筑间隙，易造成泥水流失，从而引起地面沉降及周围建筑物、管线位移，因此需安装出洞装置。包括帘布橡胶板、圆环板、扇形板及相应的连接螺栓和垫圈等。监理应重点对帘布橡胶板上所开螺孔位置、尺寸进行复核，对始发装置安装的牢固情况进行检查，确保帘布橡胶板能紧贴洞门，防止盾构出洞后同步注浆浆液泄漏。

　　洞门密封的施工分两步进行：第一步在结构施工过程中，做好洞门预埋件钢环工作，预埋件必须与结构的钢筋连接在一起；第二步在盾构始发或到达前，应先清理完洞口的渣土，然后进行洞口密封装置的安装。

　　洞门密封装置由帘布橡胶、扇形压板、防翻板、垫片和螺栓等组成。安装洞门密封之前，应对帘布橡胶的整体性、硬度、老化程度等进行检查，对圆环板的成圆螺栓孔位等进行检查，并提前把帘布橡胶的螺栓孔加工好。然后将洞门预埋件的螺栓孔清理干净，最后按照帘布橡胶板、圆环板、扇形压板、防翻板的顺序进行安装。

　　洞门防水密封施工前，监理人员需检查帘布橡胶是否完好，在安装前要求施工单位需清理完洞口的渣土。帘布橡胶板和扇形压板通过其与管片的密贴防止管片背注浆时的浆液外流，因此安装时，监理人员需要求施工人员对螺栓进行二次旋紧。当采用焊接时，监理人员需检查密封环封板及加劲板与预埋钢环前端面全周长焊接，焊接要求连续、不漏水。密封环外端面需与盾构轴线垂直。

　　盾构始发时，为防止盾构进入洞门时刀盘损坏帘布橡胶，可在帘布橡胶板外侧涂抹一定量的油脂。随着盾构向前推进，需根据情况对洞门密封压板进行调整，以保证密封效果。

　　盾构进入预留洞门前，在外围刀盘和帘布橡胶板外侧涂润滑油，当刀盘全部通过第一道密封后，开始向土仓加压，压力仅满足泥浆充满土仓，然后在两道密封间利用预留注脂孔向内注油脂，使油脂充满两道帘布橡胶密封间的空隙。当盾尾通过第一道密封且折叶板下翻后，进一步加注油脂，使洞门临时密封起到很好的防水效果。当盾尾通过第二道密封且折叶板下翻后，要及时利用注脂孔向内继续注油脂，使油脂压力始终高于土仓压力约 0.01MPa，从而使盾构顺利始发并减少始发时的地层损失。

　　③ 盾构始发。

　　在盾构始发关键环节监理应进行监督，着重观察盾构始发期间洞口有无渗漏的状况，发现洞口渗漏督促施工单位及时封堵，检查密封板防水情况。相关检查验收合格之后，开始将盾构向前推进，并安装负环管片。负环管片安装时，监理人员要注意以下几点：

　　为管片在盾尾内的定位做好准备，在盾尾壳体内安装管片支撑垫块，负环管片安装如图 5-5 所示，监理人员需检查定位垫块，保证负环管片安装到位。

　　从下至上一次安装第一环管片，监理人员需控制管片的转动角度一定要符合设计，换算位置误差不能超过 10mm。

　　安装拱部的管片时，由于管片支撑不足，一定要及时垫方木进行加固。

　　第一环负环管片拼装完成后，用推进油缸把管片推出盾尾，并施加一定的推力把管片压紧在反力架上的负环钢管片上，用螺栓固定后即可开始下一环管片的安装。

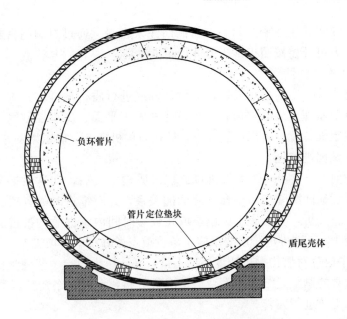

负环管片

管片定位垫块

盾尾壳体

图 5-5　盾构始发负环管片拼装示意图

　　管片在被推出盾尾时，为防止管片下沉，监理人员要求现场及时支撑加固。支撑应尽可能稳固，防止在盾构推进时可能产生的偏心力。

　　当刀盘抵达掌子面时，推进油缸已经可以产生足够的推力稳定管片，方允许把管片定位块取掉。

　　在始发阶段要注意推力、扭矩的控制，同时也要注意各部位油脂的有效使用。掘进总推力不超过反力架承受能力，同时确保在此推力下刀具切入地层所产生的扭矩小于始发台提供的反扭矩。

　　④ 始发洞门密封及初始注浆。

　　当盾构机刀盘穿过 2 道洞门密封时，刀盘上部接触开挖面后，开始向开挖仓内缓缓注入膨润土泥浆，同时通过预埋在钢环上的注浆管观测水位。当一个高度上的注浆管有泥水外溢时，则密封此注浆管，继续注入泥浆，直至开挖仓内充满膨润土泥浆，建立土仓支护压力。

　　为了防止同步注浆效果破坏洞门止水装置，影响止水效果，初始注浆时，注浆压力的设定综合考虑地面沉降要求和洞门密封装置的承压能力。在该段施工过程中监理人员应要求施工单位加强对地表沉降监测。盾尾注浆孔进入密封圈后，监理人员应立即要求施工单位进行同步注浆。由于场地条件的限制，此阶段盾构后配套台车位于地表，浆液输送管路较长，应避免管路堵塞，影响同步注浆。

　　当盾尾脱离始发加固段，监理人员应督促施工单位在控制注浆压力的情况下尽快通过管片注浆孔压注密封材料，将洞门注浆密封。通过封洞门密封，盾尾建立密封环境，方可开始按照正常压力进行同步注浆。

2. 盾构试掘进阶段监理

盾构掘进是按设定的掘进参数，沿设计轴线进行盾构掘进，并应做好详细记录。盾构掘进前监理人员应要求施工单位建立施工平面、高程控制网，并检查施工单位轴线控制桩位置、高程控制标志，核查盾构机姿态，确定始发方向。

（1）盾构试掘进监理。

盾构始发前 50～100m 作为掘进试验段。盾构始发后，在这段推进中，监理人员应密切注意地面沉降与施工参数之间的关系，并对推进时的各项技术数据进行采集、统计、分析，要求施工单位争取在较短时间内掌握盾构推进的施工参数设定范围。前 100m 试推进阶段要求施工单位重点做好以下几项工作：

1）施工中通过对盾构掘进速度、出土量、平衡压力设定、浆液配比、注浆量等关键施工参数的调整，结合地面变形情况的分析，总结出各施工参数设定的规律，并对施工工艺进行完善。

2）用最短的时间掌握盾构机的操作方法、机械性能，改进盾构的不完善部分。

3）了解和认识隧道穿越的土层的地质条件，掌握不同地质条件、不同地层段的掘进参数的控制。

4）通过本段施工，加强对地面变形情况的监测分析，掌握盾构推进参数及同步注浆量。

（2）负环管片拆除。

负环管片拆除是盾构施工过程中一道重要工序，在盾构始发期间，盾构需借助反力架与负环管片提供反力开始掘进。由于负环管片会占据竖井大部分的空间，大大制约了管片及其他材料的垂直运输速度，从而影响了盾构施工的进度。

负环管片拆除后盾构掘进所需的反力由已经拼装好的管片与周围土体之间的摩擦力来提供。监理工程师需审查盾构掘进的距离能否满足拆除负环管片、反力架的要求，一般通过粗略的经验公式估算衬砌管片摩擦力或按照施工经验确定，同时考虑负环管片位移与反力架应力变化，满足两者均趋于稳定来综合确定负环管片的安全拆除条件。

不考虑土体的土拱效应时，可近似得到单位长度上管片与土体之间的摩擦阻力为：

$$F = 4fN + f\omega = f(4N + \omega)$$

式中，f 为管片与周围土体之间的摩擦系数；ω 为管片单位长度自重；N 为单位长度上土体作用于管片上的轴向正压力，即

$$N = \gamma D \left[\frac{1}{2}(1 + K_a)H - \frac{1}{12}D(\pi + 2K_a) \right]$$

式中，K_a 为土体的主动土压力系数；γ 为土体的重度；H 为隧道轴线埋深；D 为隧道直径。当需考虑土拱效应时，可参考相关文献。

监理工程师在验算时，要求管片提供的摩擦力大于盾构额定最大推力，同时负环管片的水平位移随着盾构推进而增大，相对位移变化则逐渐减小，当相对位移变化量趋近于零，盾构掘进对负环管片已几乎没有影响，方可拆除负环管片；反力架在始发最初掘进过程中所受作用力最大，当应力值基本趋于稳定，反力架不会因为掘进反作用力由衬砌管片与围岩之间的摩擦力来承担而卸载，在拆除后才可以得到应力释放。施工方案论证时，监理人员应要求进一步明确负环管片拆除的时机。

负环管片拆除后，将盾构后配套设备按顺序吊入盾构隧道内组装并调试，调试工作由盾构机生产厂家负责，同时施工单位的机械电气工程技术人员配合共同完成，盾构机调试完毕后，应达到盾构机生产厂家规定的性能要求，调试合格后盾构再次始发。

3. 盾构掘进监理

盾构施工过程中，监理可以通过观察盾构机控制室内仪器仪表显示的数据、审查施工单位上报的盾构掘进施工报表、通过监测数据分析隧道及地面沉降情况等手段进行动态监控，及时掌握和分析施工技术参数变化，检查盾构掘进中的姿态、管片拼装的质量、注浆作业的效果等，督促施工单位采取相应的措施确保盾构掘进施工质量和周边环境的安全。

（1）土压平衡盾构掘进监理。

1）土仓压力的控制。

土仓压力值 P 应能与地层土压力 P_0 和静水压力相抗衡，在地层掘进过程中根据地质和埋深情况及地表沉降监测信息进行反馈和调整，见表 5-6。

表 5-6 地表沉降与工作面稳定关系以及相应措施与对策

地表沉降信息	工作面状态	P 与 P_0 关系	措施与对策	备注
下沉超过基准值	工作面坍塌害与失水	$P_{max} < P_0$	增大 P 值	P_{max}、P_{min} 分别表示 P 的最大值和最小值
隆起超过基准值	支撑土压力过大，土仓内水进入地层	$P_{min} > P_0$	减小 P 值	

控制土压设定值应足够平衡掘进面地层的水土压力，同时又不会引起过大的地面隆起。一般采用静止土压和被动土压进行计算，取值：被动土压＋地下水压力＞土压设定值（P）＞主动土压＋地下水压力，一般比主动土压大 20%～30% 进

行设定。

2）土仓压力保持的控制。

土仓压力主要维持开挖土量与排土量的平衡来实现，可通过设定掘进速度、调整排土量或设定排土量、调整掘进速度来控制。

① 严格控制推进的速度，尽量保持速度均匀稳定，同时还要严格控制土压。推进时稳定推进速度、螺旋输送机的转速及加泥加泡沫的量，通过这几个方面的协调控制可以把土压控制在一个较为稳定的范围内。

② 维持土仓内压力平衡控制螺旋输送机出土量与掘进速度的关系。分析洞外、洞内监测数据，通过分析土样，判断围岩变化，反演地层特性，调整土仓中的设定平衡土压力。

③ 渣土的排出量必须与掘进的掘挖量相匹配，以获得稳定而合适的支撑压力值，使掘进机的工作处于最佳状态，当通过调节螺旋输送机的转速仍不能达到理想的出土状态，须通过改良渣土的流塑状态进行调整。根据理论计算量和正常掘进每环出土统计量来确定每环控制出土量，尽量做到：环出土量＝环掘进切削泥量。

④ 盾构掘进的速度主要受开挖量与排土量的限制，若开排土量不平衡，极易出现正面土体失稳和地表沉降等不良现象。因此，监理应重点督促承包方均衡连续组织掘进作业，当出现异常情况时（如遇到阻碍、遇到不良地质、盾构姿态偏离较大等），应及时停止掘进，封闭正面土体，查明原因后采取相应的措施处理。

⑤ 盾构是依靠安装在支撑环周围的千斤顶推力向前推进的，推力的大小与盾构掘进所遇到的阻力有关，正确的使用千斤顶是盾构是否能沿设计轴线（标高）方向准确前进的关键。因此，在每环推进前，监理应根据前面几环承包方申报的盾构推进的现状报表分析盾构趋势，督促承包方正确地选择千斤顶的编组，合理地进行纠偏。

3）渣土改良的方法。

渣土改良就是通过盾构机配置的专用装置向刀盘面、土仓或螺旋输送机内注入添加剂，利用刀盘的旋转搅拌、土仓搅拌装置搅拌或螺旋输送机旋转搅拌使添加剂与土碴混合，其主要目的就是要使盾构切削下来的渣土具有好的流塑性、合适的稠度、较低的透水性和较小的摩阻力，以达到理想的工作状况。添加剂主要有泡沫和膨润土，其配比和注入量根据地质条件及施工情况确定。

① 在含砂量大的地层中掘进，主要是要稳定开挖面，改良土体。可同时向刀盘面和土仓内注入泡沫进行渣土改良，必要时可向螺旋输送机内注入泡沫。泡沫的注入量为每立方米渣土 200~500L。

② 在比较坚硬的砂卵地层掘进主要是要降低对刀具、螺旋输送机的磨损，防止涌水，可向刀盘前和土舱内及螺旋输送机内注入膨润土泥浆的方法来改良渣土。

泥浆的注入量一般为每立方米渣土注入 20%～30%。

③ 在富水地层采用土压平衡模式掘进时，主要是要防止涌水、防止喷涌、降低刀盘扭矩，可向刀盘面、土仓内和螺旋输送机内注入膨润土，并增加对螺旋输送机内注入的膨润土，以利于螺旋输送机形成栓塞效应，防止喷涌。膨润土添加量应据具体情况确定。

监理人员要审查施工单位在不同地质条件下，为增加土渣的流动性和止水性所需填充添加剂的申报表。使用添加剂时，必须按正确的工序加入。监理抽检并审核所使用添加剂的名称、数量及对应的时间、里程等。

4）掘进中出土量的控制。

① 出土量的控制是土压平衡盾构施工建立土仓压力的关键，为此必须严格控制螺旋输送机的转速，使之与掘进速度相匹配。

② 为防止地层变形，在不同地质、选择合理掘进参数的前提下，严格调整螺旋输送机排土量，监理巡视、检查掘进报告中该项目的记录。

③ 盾构掘进的排土量实施欠挖控制，盾构穿越加固区时，排土量不得超过理论值的 105%，普通区域不得超过理论值的 95%。

④ 盾构在极其软弱的土层中施工时，应掌握盾构的出土量与推进速度的关系，使两者相适应。掘进速度太小，会导致出土量偏大，从而降低土体的承载力，加大地表沉降。

（2）泥水平衡盾构掘进监理。

泥水平衡盾构是将一定浓度的泥浆泵入泥水盾构的泥水室中，随着刀盘切下来的土渣与地下水顺着刀槽流入开挖室中，泥水室中的泥浆浓度和压力逐渐增大，并平衡于开挖面的泥土压和水压，在开挖面上形成泥膜或泥水压形成的渗透壁，对开挖面进行稳定挖掘。因此泥水的指标控制是监理控制的重点，施工过程中，监理工程师需要求施工单位设专人对泥水性能进行监控，根据泥浆性能参数设置指令进行泥水参数管理。监理人员应对泥浆性能进行巡视检查。

泥水主要控制指标有泥水密度、漏斗黏度、析水率、pH 值及 API 值等。

1）泥水密度。

泥水密度是泥水的主要控制指标。送泥时的泥水密度控制在 $1.05～1.08\mathrm{g/cm^3}$，使用黏土、膨润土（粉末黏土）提高相对密度，添加 CMC 来增大黏度。工作泥浆的配制分两种，即天然黏土泥浆和膨润土泥浆。排泥密度一般控制在 $1.15～1.30\mathrm{g/cm^3}$。

2）漏斗黏度。

黏性泥浆在砂砾层可以防止泥浆损失、砂层剥落，使作业面保持稳定。在坍塌性围岩中，使用高黏度泥水。但是泥水黏度过高，处理时容易堵塞筛眼，造成作业性下降；在黏土层中，黏度不能过低，否则会造成开挖面坍塌或堵管事故，一般漏斗黏度控制在 25～35s。

3）析水率。

析水率是泥水管理中的一项综合指标，它更大程度上与泥水的黏度有关，悬浮性好的泥浆就意味着析水量小，反之就大。泥水的析水率一般控制在 5％以下，降低土颗粒和提高泥浆的黏度，是保证析水率合格的主要手段。

4）pH 值。泥水的 pH 值一般为 8～9。

5）API 失水值 $Q \leqslant 20\text{mL}$（100kPa，30min）。

（3）盾构掘进姿态控制。

所谓盾构掘进姿态，具体是指盾构掘进中现状空间位置（包括高程和平面位置）。盾构掘进姿态控制就是将盾构轴线控制在与设计允许的偏差范围内。盾构姿态控制的好坏，不仅关系到盾构轴线是否能在已定的空间内在设计轴线允许偏差内推进，而且还影响到后续工序管片拼装的质量（只有盾构掘进姿态控制在允许误差之内，才能确保管片拼装能在理想的位置）。因此，在盾构掘进阶段对盾构姿态的控制始终应作为监理人员监督工作的重中之重。监理在实施盾构姿态控制时，应严格以规范要求为控制准则。监理在工作中针对盾构姿态的控制，首先应熟悉和掌握设计线型要求，即隧道平面曲线和竖曲线的线型情况（包括里程、长度、坡度、半径等），其次还应重点监控以下内容。

1）盾构姿态测量数据。

盾构姿态测量数据包括自动测量数据（盾构机装有自动测量系统，能反映盾构运行的轨迹和瞬时姿态，动态监测盾构姿态数据）和人工测量复核数据（对自动测量数据正确性进行检测和校正），监理人员应做到及时根据盾构姿态测量数据，分析盾构姿态，督促施工单位控制好掘进方向，平稳地控制盾构推进的轴线。

2）盾构纠偏控制。

盾构在推进过程中不可能一直处于理想状况（尤其是在曲线段），会产生不同程度的偏向。影响盾构偏向的因素很多，也很复杂（如地质条件的因素、机械设备的因素、施工操作的因素等），施工中一般可通过调整千斤顶编组或管片拼装动态楔形量进行纠偏。监理工程师在每环管片拼装前对盾构姿态进行复查，发现偏差，按照经审批的施工方案及时采取纠偏措施，避免误差累积，且纠偏速度不宜过大，宜勤调、慢调。

3）盾构机自转控制。

盾构掘进时，因操作失误或地层变化等会引起机体转动，转动过大会直接影响施工质量，必须及时通过刀盘反转调整。

（4）盾构轴线控制。

监理人员需要求按规定施工单位落实轴线控制要求，主要控制要点如下：

1）每天收集施工记录，整理分析施工情况。

2）巡视施工现场，在施工现场发现问题及时做出反应，如发监理工作联系单、监理通知单、暂停令等，确保工程质量达到标准。

3）按规定对隧道轴线进行复测。

4）盾构轴线偏差超过允许范围时，及时要求施工单位进行纠偏，纠偏速度不宜过快，一般情况下每环纠偏量不宜大于 4mm。

5）盾构曲线段掘进时，需根据设计曲线半径，适时调整掘进方向；受到侧向力的影响，宜调整千斤顶压力；防止管片破损或发生变形、位移，严格控制超挖量，提高注浆充填系数。

（5）地层变形控制。

1）掘进时，施工单位要密切观察地层测点，严格控制隆陷量，不得超过设计要求。

2）做好地层变形记录，并及时反馈给盾构操作司机，以更好地调整掘进参数。

3）地层变形较大时，应停止掘进，分析原因，并上报监理部。监理工程师仔细研究后下发《监理通知单》。

4. 管片拼装监理

（1）管片制作质量控制。

管片制作质量好坏是确保管片拼装质量的首要环节，一般管片制作均由预制构件厂提前生产，以满足现场盾构掘进施工的需要。

混凝土管片应由相应资质等级的厂家制造，厂家应具有健全的质量管理体系及质量控制和质量检验制度。管片制造应编制施工组织设计或技术方案，并经审查批准。

1）承担此工程管片生产的厂家应向监理工程师提交证明其资格的文件、质量管理体系文件及质量控制和质量检验制度，供审查备案并批准。

2）每生产 200 环管片后应进行水平拼装（两环或三环）检验 1 次，对管片和模具进行检验，其允许偏差和检验方法应符合表 5-7 规定。监理人员应见证检验过程，并形成记录。

表 5-7　　　　　　　管片水平拼装检验允许偏差和检验方法

项目	允许偏差（mm）	检验频率	检验工具
环向缝间隙	2	每缝测 6 点	塞尺
纵向缝间隙	2	每缝测 2 点	塞尺
成环后内径	±2	测 4 条（不放衬垫）	钢卷尺
成环后外径	+6，−2	测 4 条（不放衬垫）	钢卷尺

3）每生产 50 环管片后应进行检漏试验（1 块，复检 2 块），即渗透性检验。管片需满足在设计检漏试验压力下，恒压 2h，不得出现漏水现象，渗水深度不超过 50mm。监理人员应见证检验过程，并形成记录。

4）当设计有要求时，同样需要进行抗弯性能试验、抗拔试验，具体试验参考 GB 22082—2008《预制混凝土管片》。

5）管片进场，监理人员需根据管片排序图核对进场管片规格是否满足施工需要。

6）管片进场时需向监理人员提供管片的质量证明文件，钢筋、混凝土等质量检测报告等。其中钢筋、混凝土的质量需符合国家相关规范规定。

7）监理人员需复查进场管片外观质量及尺寸偏差，若发现缺陷应及时督促施工单位进行修补或退场。

8）监理人员对管片运输和堆放进行控制，管片堆场地坪坚实平整，并堆成上小下大状，以防倾倒。通常管片堆放不得超过 3 层。管片运输时应平稳地以内弧面向上放于车辆的车斗内，并有可靠的托架或垫条；当同一车装运两块以上管片时，管片之间衬有柔性材料的垫料。

9）钢管片的制作必须采用整块钢材，严禁拼接。钢材焊接宜采用二氧化碳气体保护焊，焊缝表面不得有焊接缺陷。主要焊缝应要求施工单位进行探伤检查。

（2）管片防水。

对防水密封条等管片防水材料，监理监控重点如下：

1）承包方所采用的防水材料，其成品或半成品都应有《合格证》和《检测报告》，对不合格产品应予以拒收。

2）防水密封垫粘贴前必须对预留槽进行面层清理，以保证密封垫与管片粘贴紧密可靠。

3）防水密封垫应粘贴平整，不得有鼓起、超长和短缺的现象发生。

4）粘贴防水密封垫后的管片堆放，应设置防雨、防晒措施。

5）自黏性橡胶薄片的厚度和长度应按设计要求严格控制，并进行两项技术性能测试，合格后方能用于施工。

6）承包方在现场放置的防水材料应保持干燥，现场应配备烘房间和防雨棚，保证冬季和雨季的需要。

7）督促厂商切实落实质量三级检查制度，定期要求厂商提供三级检查的测试报告单。对有疑问的产品可随时进行抽样检查，如有一项指标不合格即定为不合格产品，不合格产品监理可拒签验收单。

（3）管片吊装及洞内运输。

1）经验收合格的管片，方可吊装运输。

2）因管片结构的特殊性，吊装时施工单位应使用专门的吊具，不得随意起吊。

3）洞内运输时应将管片放置平稳，不可挤压或与其他材料混装。

（4）管片拼装质量。

盾构掘进至一个管片宽度时，应停止掘进，进行管片拼装。管片拼装时应采取措施保持土仓内压力，防止盾构后退。

1）管片拼装前检查。

盾构掘进完成后要将安装的管片就位并清理干净，同时检查运至作业面的管片是否和工程师下达的本环管片指令类型相同；管片是否有破损、掉角、脱边以及裂缝；止水条、衬垫和自黏性橡胶薄板等是否有起鼓、隆起、断裂、破损和脱落等现象，止水条是否部分已失效。

根据管片接缝防水设计要求一般需粘贴防水密封垫，监理工程师应在管片拼装前对密封垫粘贴位置和粘贴质量逐块检查。

监理人员应检查施工单位管片拼装图，按照拼装管片预排版进行控制，着重注意封顶块（K 块）点位。曲线段掘进时注意盾构管片楔形量的控制，通过人工选型与 VMT 选型相结合，防止管片错台错缝以及缺角等缺陷发生。盾构管片应错缝拼装，特殊条件下不可避免设置通缝时，通缝环数不得超过 3 环。

2）管片拼装作业。

管片拼装前应先将盾尾拱底块部位盾壳内的渣土清理干净。

管片的拼装从隧道底部开始，先安装标准块，依次安装相邻快，最后安装封顶块。安装封顶块时先径向搭接越 2/3 管片宽度，调整位置后缓慢纵向顶推。管片安装到位后，及时伸出相应位置的推进油缸顶紧管片，然后移开管片安装机。

管片每安装一片，先人工初步紧固连接螺栓；安装完一环后，用风动扳手对所有管片螺栓进行紧固；管片脱出盾尾后，重新用风动扳手进行紧固。拼装要点如下：

管片拼装应按拼装工艺要求逐块进行，安装时必须从隧道底部开始，然后依次安装相邻块，最后安装封顶块。每安装一块管片，立即将管片纵、环向连接螺栓插入连接，并戴上螺帽用电动扳手紧固。

封顶块安装前，对止水条进行润滑处理，安装时先径向插入，调整位置后缓慢纵向顶推。

在管片拼装过程中，应严格控制盾构推进油缸的压力和伸缩量，使盾构位置保持不变，管片安装到位后，应及时伸出相应位置的推进油缸顶紧管片，其顶推力应大于稳定管片所需力，然后方可移开管片安装机。

管片连接螺栓紧固质量应符合设计要求。

拼装管片时应防止管片及防水密封条的损失，安装管片后顶出推进油缸，扭紧连接螺栓，保证防水密封条接缝紧密，防止由于相邻两片管片在盾构推进过程中发生错动，防水密封条接缝增大和错动，影响止水效果。

对已拼装成环的管片环作椭圆度的抽查，确保拼装精度。

曲线段管片拼装时，应注意使各种管片在环向定位准确，注意楔形环的位置，保证隧道轴线符合设计要求。

同步注浆压力必须得到有效控制，注浆压力不得超过限值。

3）管片成环后检查。

管片成环后的质量是衡量和判断盾构法隧道质量合格与否的主要依据。《盾构法隧道工程施工及验收规范》（GB 50446—2008）对管片拼装质量提出了具体的要求。监理在进行检查中应重点检查以下内容：高程和平面偏差，纵、环向相邻管片高差和纵、环向缝隙宽度，纵、环向相邻管片螺栓连接。

5. 盾构注浆监理

注浆作业是盾构法隧道施工控制地面和隧道结构变形主要技术措施之一，通过压浆填充"建筑空隙"控制变形量。盾构推进时，盾尾空隙在围岩坍落前及时地进行压浆，充填空隙，稳定地层，不但可防止地面层沉降，而且有利于隧道衬砌的防水，选择合适的浆液（初始黏度低，微膨胀，后期强度高）、注浆参数、注浆工艺，在管片外围形成稳定的固结层，将管片包围起来，形成一个保护圈，防止地下水侵入隧道中。

（1）注浆材料。

首先注浆材料必须选择适合于隧道的土质和盾构形式等条件。作为注浆材料，应具备以下性质：不发生材料离析、不丧失流动性、注浆后的体积减小、尽早达到围岩强度以上、水密性好。

通常使用的注浆材料有单液型和双液型。

1）单液型。

单液注浆材料的性质具有：可压送的流动性，能填充到目标间隙范围，在填充的注浆材料硬化前，不发生材料离析或凝固等特点。

单液浆液在搅拌机中经拌合成为流动的液体，再由砂浆泵注入盾尾后部的间隙，注入时要求浆液处于流动性好的状态，以利于充填，浆液经过液体——固体的中间状态（流动态凝结及可塑状凝结）后固结（硬化）。但是，由于水泥的水化反应非常缓慢，所以从注入到固结需要几个小时，因此，管片背面的顶部位置很难填充到，加上水泥砂浆液易受地下水的稀释，致使早期强度下降。

在单液液浆中不同的材料配比，决定了它们不同的凝胶时间、抗压强度、固结率等。

若注浆浆液为水泥砂浆，承包单位应在掘进前提交配合比设计、初凝时间、3天强度、28天强度等供监理工程师批准，并且定期作检测。

2）双液型。

双液注浆材料的性质具有：能在指定范围内注浆，材料离析少而且不受地下水影响，能调节硬化时间，能根据需要尽早达到所需的强度等。

在地层难以稳定的黏土层或易坍塌的砂层，需要在推进的同时，把壁后注浆材料通过安装在盾尾中的注浆管注入空隙中去，除了要求在注浆期间具有流动性外，还要求浆液在注浆后可迅速变为可塑状固结或固结，故背后注浆中使用的是水玻璃类双液型浆液。以水泥与水玻璃浆液为主剂，根据需要添加其他附加剂，它克服了单液水泥砂浆液的凝结时间长、不宜控制等不利。凝胶时间与水玻璃浓度、水泥浆浓度（即水灰比）、水玻璃与水泥浆体积比、温度等有关。一般情况下水泥浆浓度增大，浆液凝胶时间长；水玻璃与水泥浆体积比增大，浆液的凝胶时间短；水玻璃浓度增大，凝胶时间缩短。

使用双液注浆时，应注意对注浆管的清洗，否则会发生堵管现象。对双液注浆，承包单位应在每个白班进行如下试验：

① 测试 A 液黏稠度（稠度仪）。

② 测试 A、B 液混合后的凝结时间（按设计的混合率）。

③ 混合浆液试块抗压强度试验（1h 和 7 天）。

并将试验结果通过每日报表提交给监理项目部。

（2）同步注浆。

管片壁后注浆按照与盾构推进的时间和注浆目的不同，可分为同步注浆、壁后注浆和堵水注浆。

同步注浆与盾构掘进同时进行，是通过同步注浆系统及盾尾的注浆管，在盾构向前推进，盾尾空隙形成的同时进行，浆液在盾尾空隙形成的瞬间起到充填作用，使周围地层获得及时的支撑，可有效控制地表的沉降。

监理人员需重点控制注浆压力、注浆量及注浆时间和速度。

1）注浆压力。

同步注浆时要求在地层中的浆液压力大于该点的静止水压及土压力之和，做到尽量填补而不宜劈裂。注浆压力过大，管壁外面土层将会被浆液扰动而造成地表隆起，浅埋地段易造成跑浆；而注浆压力过小，浆液填充速度过慢，填充不充足，会使地表沉降增大。泥水盾构施工中，一般同步注浆压力比相应水压高 0.2～0.3MPa。

2）注浆量。

理论上，同步注浆量是填充切削土体与管壁之间的空隙，但同时要考虑盾构推进过程中的纠偏、跑浆（包括向地层中扩散）和注浆材料收缩等因素。注浆量的计算公式为

$$Q = \lambda \left[\frac{\pi}{4}(D_1^2 - D_2^2) \right] L$$

式中　Q——注浆量，m^3；

D_1——盾构切削外径，m；

D_2——管片外径，m；

　L——每次充填长度，m；

　λ——充填系数，根据地层条件、施工状态和环境要求，宜为 1.3～2.5。

3）注浆时间及速度。

根据盾构推进速度，以每循环达到总注浆量而均匀注入，从盾构推进进行注浆开始，推进完毕注浆结束，具体注浆速度根据现场实际掘进速度计算确定。

另外，壁后注浆是在同步注浆结束后，通过管片的注浆孔对管片壁后进行补强注浆，以提高同步注浆的效果，补充部分填充不完整的空隙，提高管片壁后土体的密实度。二次注浆其浆液填充时间滞后于掘进一段时间，对周围土体起到加固和止水的作用。堵水注浆是为提高背衬注浆层的防水性和密实性，在富水地区考虑前期注浆受地下水影响以及注浆固结率的影响，必要时进行的注浆。

（3）施工过程中监理控制重点。

1）全面检查压浆所需要使用的设备器具是否运转正常，并应在盾构推进前检查完毕。

2）采用同步注浆工艺时，按选择好的压浆口位置，调整好浆液分配系统，并必须保证各压浆管路畅通。

3）压浆原材料的选用要按照高差位置的地质条件和施工条件、材料来源等合理选定。拌制后的浆液必须满足工程的要求：

① 压浆作业的全过程不宜产生离析。

② 具有较好的流动性，易于压浆施工。

③ 压注后浆液固化的体积变化小，即凝固收缩率小。

④ 有较好的不透水性能。

⑤ 压注后能很快超过土层的强度。

4）无论采用什么压浆工艺，压浆作业与盾构掘进同步进行，其压入量与掘进深度相适应，使压出浆液在地层产生变形前填充建筑孔隙。

5）要随时观察压浆作业是否正常，并详细记录压浆点位置、压力、压浆量。压浆施工人员与盾构司机要保持联系，当压浆作业发生故障时，应立即通知盾构掘进施工，及时排除故障。

6）严格按浆液配合比拌制浆液，出浆要经网筛过滤，每拌浆液须经稠度仪测定浆液稠度，符合要求方能送至工作面使用。

7）压浆结束应在一定压力下关闭管片压浆孔处旋阀或同步注浆的浆液分配系统，同时打开回路管停止压浆，将压浆管路内压力降至零。拆除管路，并及时清洗干净，待浆液终凝后方可拆下管片压浆孔处的旋转球阀，并将压浆孔用闷盖闷死。

8）注浆效果检查主要采用分析法，综合注浆量、注浆压力、掘进速度及衬砌、地表与周围建筑物变形量测结果进行综合分析判断。必要时采用钻芯取样法或声波探测法进行效果检查。

6. 盾构接收阶段监理

盾构到达是指盾构沿设计线路，在隧道贯通前100m至接收井的整个施工过程，该过程安全风险较高，监理人员应审查施工方案，并要求施工单位组织安全技术交底。

盾构到达一般按下列程序进行：洞门凿除→接收基座的安装与固定→洞门密封安装→到达段掘进→盾构接收，如图5-6所示。

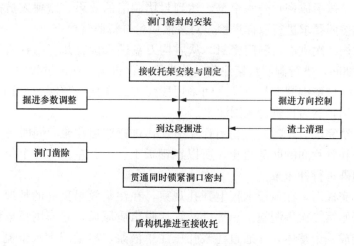

图 5-6　盾构到达施工流程图

到达设施包括盾构接收基座（也称接收架）、洞门密封装置。接收架一般采用盾构始发架。洞门混凝土凿除完毕且洞圈内清理干净后，盾构应尽快推进并拼装管片，尽量缩短盾构到达时间。在到达过程中，在盾尾进入加固区之前都要进行同步注浆，为防止浆液从洞门圈冒出，同步注浆量应适当减少。

盾构到达施工中除到达端头地层加固、洞门凿除、盾构接收架准备、密封圈安装等与盾构始发类似环节外，盾构到达施工监理过程中需着重注意以下几点。

（1）盾构定位及洞门位置复测。由于盾构在加固区中很难进行纠偏，因此必须保证盾构以良好的姿态进入加固区。监理人员应督促施工单位在盾构推进至接收井前100m和50m时，必须对盾构机的位置进行准确测量，明确成洞隧道中心轴线与隧道设计中线的关系。同时，要求对接收洞门位置进行复核测量，并根据盾构机的贯通姿态制定纠偏计划，综合盾构机轴线与隧道设计轴线偏差和接收洞门位置偏差。

（2）靠近洞门最后10～15环管片需拉紧。由于刀盘前方阻力消失，盾构在推进过程中，推力也相应大大减小，为防止管片之间因缺乏足够的千斤顶推力而不能紧密连接，在最后的10～15环管片拼装中要及时用纵向拉杆将管片连接成整体。必须反复拧紧螺栓，确保洞门附近管片的整体稳定性。

（3）洞门封堵。在盾构机推进距洞门10环处开始，在距盾尾5环进行管片壁后注浆，以截断盾构机后部的水源，使盾构隧道形成有效的止水帷幕，防止盾构进洞过程中，出现盾构机后面漏水、漏砂现象。

盾构机碰壁后，通过径向孔及盾尾注浆来防止机头尾部水流进入前仓。此时，对盾构10环从下往上再进行一次双液二次注浆，确保浆液初凝时间及注浆量，使管片与加固土体形成密封防水帷幕，达到封堵洞门的效果。监理人员需对进场水泥、水玻璃按照要求进行取样送检，对浆液质量进行监督检查。

（4）盾构二次进洞与洞门密封。从盾构刀盘进入接收井开始到盾尾端距离槽壁约20cm期间，进行洞圈封堵注浆，此为第一次进洞。在该过程中，若洞圈渗漏较严重，可在槽壁钢圈上与盾壳之间采用段焊方式焊接一整圈弧形钢板，并用聚氨酯进行封堵，然后再进行洞圈注浆。

洞圈封堵完成后，隧道内利用管片吊装孔进行壁后注浆，同时考虑到浆液可能顺着盾壳和管片间的间隙流出，所以在钢板上、下、左、右4个位置开设注浆孔，在洞圈外进行补压浆。

等注浆完成后，在弧形钢板上开孔观察，在注浆效果良好的情况下，割除弧形钢板，开始第二次进洞施工。等进站管片脱出盾尾后，立即用弧形钢板将管片与洞圈焊接成一个整体，并通过注浆孔压注单液浆，尽量减少水土流失。若第二次进洞过程中洞圈渗漏仍较严重，再次封堵洞门，以确保周围环境安全，然后再进行洞圈注浆。

7. 盾构拆卸监理

盾构的拆卸通常使用履带起重机和汽车起重机，拆机顺序为主机→设备桥→拖车，拆卸前监理人员必须审查拆卸方案与计划，要求施工单位按照起重作业安全操作规程及盾构制造商的拆卸技术要求进行班前交底。

盾构拆卸按先电气系统、后液压系统、再机械构件的原则进行。拆机前应对拆卸部件机型分别标志和登记，确保再次组装时不缺件和不错装。所有管线接头必须做好相应的密封和保护，特别是液压系统管路、传感器接口等。对液压油管除进行标志外，拆卸后立即安上堵头，以防污染。

盾构机吊耳的布置必须使吊装时受力平衡，监理人员必须审查焊接作业人员的资质，同时要求施工单位对焊接作业进行检查监督。

8. 隧道防水质量控制

（1）监理人员应检查管片防水密封胶条的粘贴质量。防水胶条的粘贴应牢固、平整且位置正确，不得有起鼓、超长和缺口现象。

（2）管片拼装过程中，应保护好防水材料，不得发生损坏、脱槽、扭曲和位移等现象。监理人员应严格控制拼装中管片间缝宽来保证防水胶条的压缩量，起到防水效果。

（3）监理应巡视管片螺栓孔防水质量，预紧螺栓时应正确放置防水胶圈，并均匀受力不得损坏。

（4）监理应检查管片注浆孔防水，封闭注浆孔时，应及时安装防水胶圈，在外力作用下不得受损。

（5）对管片裂缝防水，应采用特殊的防水材料及时对裂缝处进行补强，也可采用二次或多次注浆，防止裂缝漏水。监理对裂缝防水质量进行巡视检查。

（6）监理工程师要全面调查衬砌是否有渗漏现象，对渗漏点进行统计，凡是不能达到设计及规范要求的，督促承包单位及时进行治理，直到达到标准。

9. 施工测量与监控量测

测量工作是监理质量控制的关键环节，贯穿于施工的全过程。盾构施工测量包括地面控制网（包括高程网）检测、联系测量、隧道内控制导线测量、贯通测量、施工导线测量、中线测量、盾构机定位、瞬时姿态测量等。

（1）施工测量监理控制。

1）测量监理工作以预控为主，工作的重点放在监督承包单位质量保证和质量管理体系的运作状况上。承包单位测量作业人员必须持证上岗，未经检定和超过检定期的测量仪器、工具不得使用。

2）根据设计要求、工程特点、施工需要，审查施工单位施工测量方案。

3）工程场区内导线点和高程点由建设单位提供，经过复测，达到了精密导线和二等水准的精度要求，做好桩位保护并对点作明显标记栓桩。导线点复测采用建设单位所交的点作为复测导线网的导线点。

4）控制测量。根据"先整体后局部，高精度控制低精度"的工作程序，准确地测定平面控制网和高程控制网的桩点是保证测量精度要求和施工顺利进行的基础，控制网的选择、测定和保护应考虑施工方案与场地布置等情况。控制测量分地上控制测量和地下控制测量，监理工程师采取跟踪与旁站对其进行检验。

5）查验施工测量放线成果。

6）在隧道开挖前，对盾构机始发位置进行定位测量，按机器的设计要求其初始位置的正确性，如反力座、发进铁环、导轨、盾构机中心标志、盾构机姿态、盾构机与反力座之间相对关系等的测定，以保证隧道的正确施工。掘进施工测量应包括导线测量、高程测量、中心测量、环面端面偏差测量、盾构机姿态（纵向坡度、横向转角、平面偏离值、高程偏离值、切口里程）测量等，其目的是检验盾构机的位置是否符合设计。要求施工单位及时提供测量报告，监理工程师对其进行抽测。

7）洞内施工测量。为控制隧道按设计方位前进，在隧道施工前要准确测量隧道三维位置。通过联系到竖井下的控制点进行隧道中线定位和盾构安装时所需要的测量控制点，测设值与设计值较差应小于 3mm。中线至少定出两点，洞内中线点应做在不易松动的地方。测点的间隔一般为 30～50m，向前移设测点时，应对后方的几个点进行复测后再决定新的位置。直线段施工可利用盾构机上装配的激光指向仪指导掘进，隧道曲线段施工时，隧道每推进 3m 测设中线点，点位宜选在曲线的元素点和整里程点上。为避免误差的积累，每一中线点采用极坐标法通过隧道内导线点测定。每点必须有盘左盘右两个测回，测角要用全圆法，角度观测应在 6″ 之内，边长中误差应在 10mm 之内。盾构掘进要实时姿态测量，其技术要求要满足表 5-8。

表 5-8　　　　　　　　盾构机姿态测量误差技术要求

测量项目	测量误差
平面偏离值（mm）	±5
高程偏离值（mm）	±5
纵向坡度（%）	1
横向旋转角（′）	±3
切口里程（mm）	±10

衬砌环片组装时要对衬砌环中心偏差、环的椭圆度和环的姿态进行测量。衬砌环片必须不少于 4 环测量一次，测量时每环都应测量，并测定待测环的前端面。相邻衬砌环测量时应重合测定 2～3 环环片。环片平面和高程测量允许误差为 ±15mm。

8）贯通误差测量。隧道贯通后应利用贯通面两侧平面和高程控制点进行贯通误差测量，贯通误差包括隧道的纵向、横向和方位角贯通误差测量以及高程贯通误差测量，隧道的纵向、横向贯通误差测量时，根据两侧控制导线测定的贯通面上同一临时点的坐标闭合差确定。方位角贯通误差可利用两侧控制导线测定与贯通面相邻的同一导线的方位角较差确定。隧道高程贯通误差应由两侧控制水准点测定贯通附近同一水准点的高程较差确定，测定结果要做好记录并保存。监理工程师要跟踪检查，必要时要求施工单位重新测量。

（2）施工监控量测控制。

监测隧道及地表的变形，掌握各自的变形规律，指导施工。因此监理工作的重点应放在对地表变形、土体变形、土体应力和孔隙水压力、构筑物隆陷或倾斜等的监测上。

根据隧道施工的影响范围，监测内容应包括隧道表面相对收敛变形及地表沉降变形观测。

观测期间，对单元变形体进行变形测量时采用相同的观测路线和观测方法，使用同一仪器和设备并应固定观测人员。首次观测时应进行重复测量，取平均值作为初始值。中间观测值出现异常应及时复测。盾构掘进施工监控量测项目见表 5-9。

表 5-9　　　　　　　　　　　　盾构掘进施工监控量测项目

类别	量测项目	量测工具	测点布置	量测频率
必测项目	地表隆陷	水准仪	每 30m 设一断面，必要时需加密	掘进面前后<20m 测 1～2 次/d 掘进面前后<50m 测 1 次/2d 掘进面前后>50m 测 1 次/周
	隧道隆陷	水准仪、钢尺	每 5～10m 设一断面	掘进面后<20m 时测 1～2 次/d 掘进面后<50m 时测 1 次/2d 掘进面后>50m 时测 1 次/周
选测项目	土体位移（垂直和水平）	水准仪、分层沉降仪、倾斜仪	每 30m 设一断面	掘进面前后<20m 时测 1～2 次/d 掘进面前后<50m 时测 1 次/2d 掘进面前后>50m 时测 1 次/周
	衬砌内力及变形	压力计	每 50～100m 设一断面	掘进面前后<20m 时测 1～2 次/d 掘进面前后<50m 时测 1 次/2d 掘进面前后>50m 时测 1 次/周掘进面前后<20m 时测 1～2 次/d 掘进面前后<50m 时测 1 次/2d 掘进面前后>50m 时测 1 次/周
	土层压力	压力计、频率仪或电阻应变仪	每一代表性地段设一断面	掘进面前后<20m 时测 1～2 次/d 掘进面前后<50m 时测 1 次/2d 掘进面前后>50m 时测 1 次/周
	孔隙水压力	压力计、频率仪或电阻应变仪	每一代表性地段设一断面	掘进面前后<20m 时测 1～2 次/d 掘进面前后<50m 时测 1 次/2d 掘进面前后>50m 时测 1 次/周
	邻近构筑物变形（隆陷和倾斜）	水准仪、倾角仪	重要构筑物均设测点	掘进面前后<20m 时测 1～2 次/d 掘进面前后<50m 时测 1 次/2d 掘进面前后>50m 时测 1 次/周
	地下水位变化	测绳	每 100～200m 设一观测点	掘进面前后<20m 时测 1～2 次/d 掘进面前后<50m 时测 1 次/2d 掘进面前后>50m 时测 1 次/周掘进面前后<20m 时测 1～2 次/d 掘进面前后<50m 时测 1 次/2d 掘进面前后>50m 时测 1 次/周

　　监测项目应在盾构掘进前测得初读数，监测数据要绘制成时态曲线，用回归分析法进行处理，及时反馈指导施工。要同步采集开挖面压力、盾构推力、推进速度、出土量、注浆量、盾构姿态等施工参数，以便与监测数据一起综合分析，提高施工控制水平。

5.2.6　特殊条件下施工作业监理

　　（1）开仓作业监理控制要点。

　　严格管理施工单位开仓作业。在正常施工过程中，盾构机如需开仓作业（如：检查及更换刀具、压力传感器，排除地下障碍物等），必须事先根据盾构设备要求、工程地质、水文地质及周围环境等因素，制定详细周密的开仓方案，报监理单位、建设单位审批。其内容至少包括以下各项：

　　1）工程概况，包括开仓的里程、环数、时间等。

　　2）土仓压力保持设备的设置、容量及其管理方法。

　　3）空气压力设备的良好状态检查。

　　4）气闸室的构造，设备使用方法，加压及减压设计等。

　　5）输气量，仓内压力保持及其管理方法。

　　6）故障、火灾和停电等意外事故的应急措施。

　　7）漏气及缺氧的应急措施。

　　8）仓内作业程序。

　　9）安全及医务措施。

　　10）其他必要事项：

　　①仓内压力必须确保地层稳定，防止开挖面漏水与崩坍。

　　②为维持作业室的气压恒定，避免发生过剩与不足，使用自动量测耗气量与压力的设备监测输、排气量。

　　③开仓作业的相关人员必须经过技术及安全的培训，合格后方可上岗作业，作业中须严格遵守各项安全规定，严禁在作业中擅离职守，未经监理工程师同意，不得超越合理作业压力范围。

　　④开仓作业须做好详细的施工记录。

　　⑤开仓作业方案须由下列人员审批：施工单位公司级总工程师、监理单位总监理工程师、建设单位工程主管经理。必要时，需组织专家评审并报劳动监察部门备案。

　　⑥加压、减压过程中，必须随时掌握仓内人员的健康状况，严禁压力突变。如遇漏气、缺氧等须立即采取措施，保障作业人员的生命安全。

　　⑦作业人员减压开仓后，仓内压力应保持，经监理工程师核查后，方可缓慢减压掘进，待仓内土压平衡后，方可停止气压。

⑧ 盾构到达地段易造成喷发，应避免开仓作业。如必须开仓，则需对地层进行改良，并采取辅助措施。

（2）盾构穿越邻近地下管线的控制。

1）防止开挖过程中的水、土压力不均衡。

开挖面稳定控制措施见表 5-10。

表 5-10　　　　　　　　　　　开挖面稳定控制措施表

控制内容	控制项目	控制对象	控制方法
塑性流动化	塑性流动化材料流量	注入泵	注入适当添加剂
土压控制	螺旋输送机转速	螺旋输送机	调整推进速度和螺旋输送剂的转速
推进速度控制	千斤顶速度	千斤顶油泵	调节泵流量

2）防止盾构推进中围岩的扰动。

为减少推进中盾构机与围岩之间的摩擦，须尽量不扰动围岩，减少盾构机偏转及横向偏移等现象发生。

3）防止盾尾间隙的填充压浆不充分。

做好盾尾间隙填充压浆，可以从以下四方面控制：①确保压浆工作的及时性。尽可能缩短衬砌脱出盾尾的暴露时间，以防地层塌陷：确保压浆数量。②注浆材料会产生收缩，压浆必须超过理论间隙体积，但过量的压浆会引起地表隆起或局部跑浆现象，对管片受力状态也有影响：控制注浆压力。③由于盾构纠偏、局部超挖、地层存在空隙等原因，往往使实际的间隙量无法估算。还应将注浆压力作为填充程度的标准，当压力急剧升高时，说明已填充密实，此时应停止注浆：改进注浆材料的性能。④施工过程中，要严格控制注浆材料的配合比，对其凝结时间、强度、收缩量等通过试验不断改进，提高注浆材料的抗渗性能，既利于隧道防水，又可减少地面沉降。

4）防止衬砌的变形。

为了防止管片环变形，需要充分紧固连接螺栓。

5）防止地下水位下降。

为了防止管片接缝、壁后注浆孔等漏水，必须认真进行管片的拼装及防水作业。

6）加强地面变形的预测与监测。

地面变形，推进前根据以往类似工程的经验和有限单元法进行预测，以预测结果为依据来初步设定掘进参数；在推进过程中，对隧道中心线上及其两侧一定范围内设定的观测点进行水准测量，将这一结果应用到后续区段的施工管理中。实践证明，采用"勤试测、勤调整施工参数"的信息化施工方法，可将地面沉降量控制在理论计算出的地面沉降限值范围内。

（3）盾构穿越河堤施工控制。

1）盾构穿越河堤之前，首先要详细调查河堤结构及隧道开挖面在河堤所处的位置及隧道的上覆土层结构；分析盾构施工的不利因素，以及穿越河堤可能造成的影响，针对性提出应对措施。

2）当通过对河堤结构、隧道穿越以及上覆土层分析，盾构施工会影响到河堤正常使用及安全，或对河堤沉降及差异沉降控制要求较严格时，需对施工影响范围内的土体进行加固措施。

3）合理安排施工进度，避免在雨季和汛期穿越大堤。对堤顶有车辆通行的情况，在穿越时及穿越后一段时间内，如条件许可，应使车辆绕行，避免车辆对大堤的再次扰动。

4）推进轴线尽量与隧道轴线保持一致，减小纠偏量，减轻盾构与周围土层之间的摩擦；减少盾构机俯仰、偏转及横向偏移，防止偏心超挖造成的河堤沉降过大。

5）在保证开挖面稳定的前提下，应尽可能快速且匀速的通过河堤范围，同时制定各项应急准备措施，并严格避免盾构较长时间的停机搁置。

6）在盾构通过后进行二次注浆，进一步填充空隙，抑制地层变形的进一步发展。二次注浆采用单液浆或双液浆进行压注，采用少量、多点、多次及保证持续时间的方法进行作业。同时，也需要根据地面变形监测情况，及时调整注浆参数。

7）在盾构穿越后，由于扰动土体的固结沉降、注浆浆液的硬化收缩等原因，河堤沉降长时间发生。河堤仍需长期监测，掌握大堤的沉降状况，出现情况及时处理，大堤沉降监测应持续到沉降稳定为止。

5.2.7 安全风险管控监理控制要点

（1）安全用电措施。

1）施工现场临时用电的安装、维护、拆除应由取得特殊工种上岗证的专职电工进行操作。

2）变压器设置围栏，围栏与变压器外廓的距离：10kV 及以下不应小于 1m。设门加锁，专人管理，悬挂"高压线危险，切勿靠近"的警示牌，变压器必须设接地保护装置，其接地电阻不得大于 4Ω。

3）室内配电柜、配电箱前设绝缘垫，设门加锁，并安装漏电保护装置。各类电器开关箱和电器设备，按规定设接地或接零保护装置。

4）检修电器设备时必须停电作业，电源箱或开关握柄上挂有"有人操作，严禁合闸"的警示牌或派人看管，严禁带电作业。

5）施工现场的手持照明灯使用 24V 以下的安全电压，在潮湿的基坑，洞室掘进用的照明灯必须使用 12V 以下的安全电压。

6）露天照明，采用防水灯头，残缺的灯头、灯泡及时更换，防止发生电击事故，严禁用金属丝代替熔丝。

（2）施工机械安全控制措施。

1）车辆驾驶员和各类机械操作员，必须持证上岗，并定期进行安全管理规定的教育。

2）机械设备在施工现场集中停放，严禁对运转中的机械设备检修、保养。

3）指挥机械作业的指挥人员，指挥信号必须准确，操作人员必须听从指挥，严禁违章作业。

4）使用钢丝绳的机械，必须定期进行保养，发现问题及时更换，在运行中禁止工作人员跨越钢丝绳，用钢丝绳起吊、拖拉重物时，现场人员远离钢丝绳。

5）设专人对机械设备、各种车辆定期检查、维修和保养、对查出的隐患要及时进行处理，并制定防范措施，防止发生机械伤害事故。

（3）重要施工方案和特殊施工工序的安全过程控制。

1）盾构始发时，盾构在空载向前推进时，主要控制盾构的推进油缸行程和限制盾构每一环的推进量。要在盾构向前推进的同时，检查盾构机是否与始发基座、始发洞口发生干涉，检查反力架是否稳定及其他异常事件，确保盾构安全的向前推进。

2）加强对电瓶车驾驶人员的安全责任心教育，严格按照操作规程操作，严禁超速、超载运行，确保施工安全。

3）加强安全用电管理，尤其是对盾构机 10kV 高压电的管理。

4）安装管片时，其他非操作人员不得进入安装区。吊运管片时，吊运范围内不得站人。

5.3 顶管电缆隧道工程监理

5.3.1 顶管工程监理特点

顶管是地下通道非开挖施工的一种，特点是通道施工由明挖改为暗挖。这对交通繁忙、人口密集、地面构筑物和管线复杂的市区来说非常重要。建设新的地下电缆通道，沿用以往明开挖方式已感到越来越困难，甚至难以实施。为了减少对交通、市民正常活动的干扰，减少不必要的拆迁，减少对市容和环境卫生的影响，顶管隧道已成为地下通道选型最佳方案之一。顶管施工示意如图 5-7 所示。顶管隧道建设监理工作有如下几个特点。

（1）顶管位于不同地层，轴线控制及纠偏难度也不相同，监理人员应掌握所处地层物理指标，并制定相应的控制措施。

（2）顶管施工对设备依赖性较大，设备选型至关重要，监理人员应具备一定的顶管机选型知识。

（3）触变泥浆在顶管周围形成了一个泥浆套，具有减阻、填补、支撑作用。监理对注浆过程的每个环节均需严格控制。

（4）中继间是长距离顶管不可缺少的设备，监理应严格控制安放及启用的时间。

（5）顶管路径测量工作至关重要，监理应具备直线测量和曲线测量的业务能力。

（6）顶管纠偏应及时进行，监理应掌握纠偏的规律。

（7）顶管施工可能会发生高空坠落、物体打击、坍塌、中毒、机械伤害等事故，监理应制定相应控制措施。

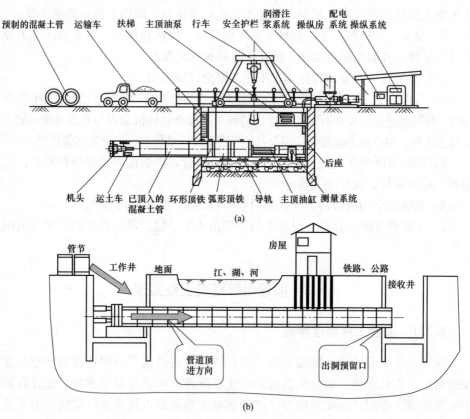

图 5-7　顶管施工示意图

（a）顶管施工工作原理图；（b）顶管顶进剖面示意图

5.3.2　监理依据

本章所引用的主要相关规程、规范名称见表 5-11。

表 5-11　　　　　　　　本节所引用的主要规程、规范名称及编号

序号	规范名称	编号
1	地下工程防水技术规范	GB 50108—2008
2	给水排水管道工程施工及验收规范	GB 50268—2008
3	给水排水工程顶管技术规程	CECS 246—2008
4	顶进施工法用钢筋混凝土排水管	JC/T 640—2010

1. 顶管隧道施工强制性条文规定

《给水排水管道工程施工及验收规范》（GB 50268—2008）。

1.0.3　给排水管道工程所用的原材料、半成品、成品等产品的品种、规格、性能必须符合国家有关标准的规定和设计要求。

3.1.9　工程所用的管材、管道附件、构（配）件和主要原材料等产品进入施工现场时必须进行进场验收并妥善保管。进场验收时应检查每批产品的订购合同、质量合格证书、性能检验报告、使用说明书、进口产品的商检报告及证件等，并按国家有关标准规定进行复验，验收合格后方可使用。

3.1.15　给排水管道工程施工质量控制应符合下列规定：

a　各分项工程应按照施工技术标准进行质量控制，每分项工程完成后，必须进行检验；

b　相关各分项工程之间，必须进行交接检验，所有隐蔽分项工程必须进行隐蔽验收，未经检验或验收不合格不得进行下道分项工程。

3.2.8　通过返修或加固处理仍不能满足结构安全或使用功能要求的分部（子分部）工程、单位（子单位）工程，严禁验收。

2. 顶管隧道施工安全管理规定

（1）隧道施工应设双回路电源，并有可靠切断装置。照明线路电压在施工区域不得大于 36V，成洞和施工区以外地段可用 220V。

（2）隧道施工范围内必须有足够照明。交通要道、工作面和设备集中处并应设置安全照明。

（3）动力照明的配电箱应封闭严密，不得乱接电源，应设专人管理并经常检查、维修和养护。

（4）隧道施工应采用机械通风。当主风机满足不了需要时，应设置局部通风系统。

（5）隧道内通风应满足各施工作业面需要的最大风量，风量应按每人每分钟供应新鲜空气 3m³ 计算，风速为 0.12~0.25m/s。

（6）顶管机头重如大于 100kN，吊装方案须经专项论证。

（7）顶管工程施工方案须经专项论证。

5.3.3 顶管法隧道施工监理工作流程

顶管法隧道施工监理工作流程如图 5-8 所示。

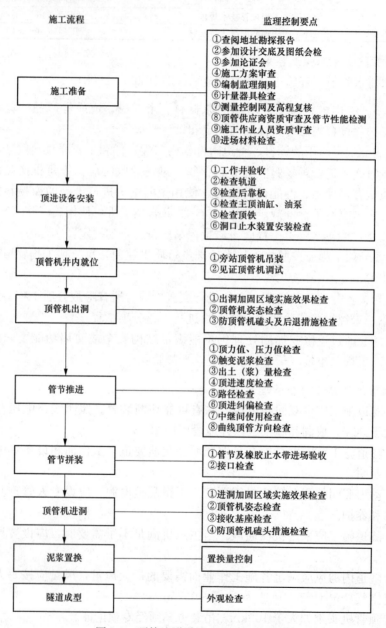

施工流程　　　　　　　　　　　　　　　　**监理控制要点**

施工准备
①查阅地址勘探报告
②参加设计交底及图纸会检
③参加论证会
④施工方案审查
⑤编制监理细则
⑥计量器具检查
⑦测量控制网及高程复核
⑧顶管供应商资质审查及管节性能检测
⑨施工作业人员资质审查
⑩进场材料检查

顶进设备安装
①工作井验收
②检查轨道
③检查后靠板
④检查主顶油缸、油泵
⑤检查顶铁
⑥洞口止水装置安装检查

顶管机井内就位
①旁站顶管机吊装
②见证顶管机调试

顶管机出洞
①出洞加固区域实施效果检查
②顶管机姿态检查
③防顶管机磕头及后退措施检查

管节推进
①顶力值、压力值检查
②触变泥浆检查
③出土（浆）量检查
④顶进速度检查
⑤路径检查
⑥顶进纠偏检查
⑦中继间使用检查
⑧曲线顶管方向检查

管节拼装
①管节及橡胶止水带进场验收
②接口检查

顶管机进洞
①进洞加固区域实施效果检查
②顶管机姿态检查
③接收基座检查
④防顶管机磕头措施检查

泥浆置换
置换量控制

隧道成型
外观检查

图 5-8　顶管法隧道施工监理工作流程

5.3.4　顶管法隧道施工监理准备

（1）查阅地勘报告。掌握路径土层物理指标（含水率、重力密度、孔隙比、液限、塑性指数、液性指数），根据物理指标分析是否对路径进行加固处理。了解路径地形（层）是否有突变现象及穿越端面土质软硬分布情况，根据土层物理指标估算土仓（泥水仓）压力值。

（2）参加设计交底及图纸会检。

1）如路径位于淤泥土、松填土、沼泽地基、受压强度大于 15MPa 的弱风化及中风化岩石、卵石层和渗透系数大于 10^{-3} cm/s 的砂层，建议设计是否可以调整土层。

2）对设计给出的直线段顶力进行复核。

$$P = \pi D_1 L f_s + P_F$$

式中　P——计算的总顶力，kN；

　　　D_1——管道外径，m；

　　　L——管道的顶进长度，m；

　　　f_s——管道外壁与土的平均摩阻力，kN/m²；

　　　P_F——顶管机的迎面阻力，kN。

3）要求设计提供曲线段顶力进行复核。

$$P_n = P_0 \times [1 - (\cos a - r\sin a)]n + f_k \cdot \pi DL$$

式中　D——管道外径，m；

　　　P_0——起始段的顶力，kN；

　　　P_n——第 n 段的顶力，kN；

　　　n——管段数量；

　　　r——管壁与土的摩擦系数；

　　　a——顶力与管端的夹角；

　　　f_k——管壁与土的平均摩阻力，kN/m²。

4）小半径曲率的曲线顶管建议采用特殊管节（管节长度 2.5m 改为 1.0m），在机头后面增加 3～4 节尾部预留油缸槽，放置起曲油缸的管节。其次对注浆孔适当进行增加（由原来 3 个变成 4 个）。

（3）参加施工单位组织的论证会（顶管机选型、顶管施工方案）。按照适应性、可靠性、安全性原则进行顶管机选型，对暂定的顶管机类型按照表 5-12 进行复核，如有异议提出监理意见。

表 5-12 顶 管 机 选 型 参 考 表

使用条件			机械式顶管机	
			加泥土压式	普通泥水式
直径（mm）	2000 以上	大直径	★	★
	1200～1800	中直径	☆	★
	1000 以下	小直径	×	★
顶距（m）	1000m	超长距离	★	★
	300～1000m	长距离	★	★
	300m 以下	一般距离	★	★
覆土深度（D）	5.0 以上	深覆土	★	★
	2.0～5.0	一般覆土	★	★
	1.25～2.0	浅覆土	★	※
土质	黏性土	有机土	$N=0$	★	☆
		黏土	$N=0～10$	★	★
		粉质黏土	$N=10～30$	★	★
	砂性土	粉砂	$N=10～15$	★	★
		松软砂土	$N=10～30$	★	★
		固结砂土	$N>30$	★	★
	砂砾土	松软砂砾	$N=10～40$	☆	☆
		密实的砂砾	$N>40$	☆	☆
		含卵石砂砾	N 值	☆	※
		卵石层	N 值	※	×
	岩土	硬土	$N>50$	★	★
		软岩	抗压强度<15MPa	★	※
地下水	无		★	×
	渗透系数（m/s）	$>1.0×10^{-3}$	★	※
	渗透系数（m/s）	$<1.0×10^{-7}$	★	★
地面沉降要求	很高	5～10mm	★	★
	较高	10～50mm	★	★
	一般	50mm 以上	☆	☆
超过管外径六分之一粒径以上的障碍物	×		×	

注 1. 标有★者，为首选适用；标有☆者，为次选适用；标有※者，为有条件（即采取一定的辅助措施后）适用；标有×者，为不适用。
2. D 代表所顶管段的外径（mm）。

　　专家对方案论证意见及建议要求施工单位进行修改，必要时请专家二次进行论证。对已按专家论证意见进行修改的方案进行审核并报业主项目部进行审批。

（4）对施工单位报审的测量专项方案由总监组织专业人员进行审核，并对现场监理人员进行测量控制交底。

（5）根据施工方案、图纸、相关规程规范编写监理实施细则，对监理人员进行交底。

（6）审查计量器具合格证及计量认证合格证书，对照实物核对相关证书，确保均在有效期范围内，对即将过期的，督促施工单位提前进行计量检查。

（7）对测量控制网及高程点进行复核。

1）检查在工作井周围布设的两个控制点（牢固通视，间距 200m 左右）。

2）对依据控制点投放到工作井冠梁上的顶管轴线进行复核。

3）根据工作井冠梁上的顶管轴线复核顶管轴线工作井底板投影线及侧墙投影线。

4）用鉴定后的钢尺，挂重锤 10kg，用两台水准仪在井上井下同步观测，将高程传至工作井下固定点，最大高差误差不大于 1mm，整个施工过程中，高程传递至少进行三次。

（8）审查管节供货生产厂家资质，审查质量证明文件、复试报告等质量证明文件，会同业主、设计、施工到厂家实地考察并见证管节外部破坏试验。

（9）审查电工、测量工、机械操作工等特殊工种上岗证件有效性，对照进场人员核对相关证书，确保人证一致。

（10）检查进场管节、橡胶止水带的外观质量及出厂合格证、进场试验报告。

5.3.5　施工阶段监理控制要点

1. 工作井验收

（1）工作井最小长度要求。

1）当按顶管机长度确定时，工作井的最小内净长度可按以下公式计算：

$$L \geqslant l_1 + l_3 + k$$

式中　L——工作井的最小内净长度，m；

　　　l_1——顶管机下井时最小长度，m；

　　　l_3——千斤顶长度，m；

　　　k——后座和顶铁的厚度及安装富余量，m。

2）当按下井管节长度确定时，工作井的内净长度可按以下公式计算：

$$L \geqslant l_2 + l_3 + l_4 + k$$

式中　l_2——下井管节长度，m；

　　　l_4——留在井内的管道最小长度，m。

3）工作井的最小内净长度应按上述两种方法计算结果取大值。

（2）工作井最小宽度要求。

1）浅工作井内净宽度可按以下公式计算：

$$B = D_1 + (2.0 \sim 2.4)$$

式中　B——工作井的内净宽度，m；

　　　D_1——管道的外径，m。

2）深工作井的内净宽度可按以下公式计算：

$$B = 3D_1 + (2.0 \sim 2.4)$$

（3）工作井深度要求。

工作井底板面深度应按下列公式计算：

$$H = H_s + D_1 + h$$

式中　H——工作井底板面最小深度，m；

　　　H_s——管顶覆土层厚度，m；

　　　h——管底操作空间，m。

钢管可取 0.7～0.8m；玻璃钢夹砂管和钢筋混凝土管等可取 0.4～0.5m。

2. 导轨安装检查

管节在顶进前先安放在导轨上。在顶进管道入土前，导轨承担导向功能，以保证管节按设计高程和方向前进。

导轨安装检查内容及要求为：

（1）导轨应选用钢质材料制作。

（2）两导轨应顺直、平行、等高，其中心线、坡度应与管道设计轴线一致。

（3）导轨安装允许偏差轴线位置：3mm；顶面高程：0～＋3mm；两轨内距：±2mm。

（4）安装后的导轨必须稳固，在顶进中承受各种负载时不产生位移、不沉降、不变形。且在顶进过程中应经常进行检查和复核。

3. 后靠板检查

（1）后靠板平整且有足够刚度和面积。

（2）后靠板与油缸轴线应垂直且紧贴混凝土后座墙，如有孔隙应采用素混凝土填实。

4. 主顶油缸、油泵检查

（1）油缸行程不宜小于 1000mm，单只顶力不宜小于 1000kN。

（2）油缸应固定在支架上且与管端面呈对称布置，且与管轴线平行。

（3）油缸应取偶数且规格相同，行程同步，每台油缸的使用压力不应大于其额定工作压力，油缸伸出的最大行程应小于油缸行程 100mm 左右。

（4）油缸油路必须并联，每台油缸应有进油、退油的控制系统。

（5）油缸活塞杆应清洁，严禁对油缸活塞杆踩踏、敲打、撞击等。

（6）油泵应与油缸性能相匹配。油泵流量宜满足顶进速度 100mm/min 的要求。

（7）油泵应设置在油缸近旁，并由专人负责，油路顺直，接头不漏油。且安装限压阀、溢流阀和压力表等指示保护装置。

5. 顶铁检查

（1）顶铁应满足传递顶力、便于出泥和人员出入的需要。

（2）顶铁的两个受压面应平整，互相平行。

（3）宜采用 U 形或弧形刚性顶铁。

（4）与管尾接触的环形顶铁应与管道匹配，顶铁与混凝土管之间应加木垫圈。

6. 洞口止水装置检查

顶管过程中，管节与洞口之间有一定的间隙。此间隙如果不封住，地下水和泥砂就会从该间隙中流到井中，轻者会影响工作井的作业，严重的会造成洞口上部地表塌陷，甚至会造成事故，殃及周围的构筑物和地下管线的安全，顶管过程中洞口止水是一个不容忽视的环节。洞口止水装置如图 5-9 所示。

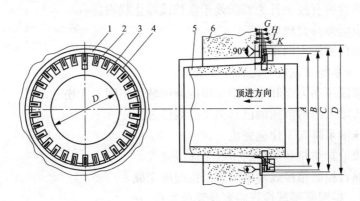

图 5-9　洞口止水装置图
1—预埋钢环；2—压板；3—橡胶圈；4—安装钢环；5—混凝土管；6—井壁

洞口止水装置检查内容及要求为：

（1）止水装置由预埋钢环、压板、橡胶圈和安装钢环四大部分组成。

（2）止水装置中心应与洞口中心一致。

（3）压板上应开有长槽（压板就可沿洞口直径方向移动，从而可以调整由于顶管与洞口止水圈之间的不同心而造成的止水圈橡胶板的外翻）。

（4）橡胶圈拉伸量＞300％，肖氏硬度50±5 度范围内，还要具有一定的耐磨性和较大的扯断拉力。

7. 旁站顶管机吊装

（1）根据通过专家论证的方案，检查顶管机吊装前的准备工作（施工场地布置、空中清场、选用的起重机械、准备的吊具、安排的吊装人员）是否满足要求，如满足同意进入下道工序作业，如不满足则整改。

（2）全过程跟踪顶管机吊装作业，对关键部位进行检查（吊点位置、起吊程序、起吊速度），杜绝闲杂人员进入吊装作业现场。

（3）在吊装顶管机时应平稳、缓慢，避免任何冲击和碰撞。

（4）顶管机下坑后，要求刀盘离开封门 1m 左右，放置平稳后二次检测导轨标高，高程误差不超过 5mm。

8. 见证顶管机调试检查

（1）掘进系统调试检查内容及要求为：

1）液压泵组中的液压油应充分。

2）液压油软管和泥浆管路每一接头可靠，接口对号。

3）所有电缆和电器配线应牢靠连接。

4）操纵台所有控制开关都应处于空挡或停止状态。

5）供电电源符合规定。

6）电动机回转方向正确无误。

（2）主顶系统调试检查内容及要求为：

1）连接液压动力组和主顶千斤顶的液压软管牢固、无松动。

2）液压动力组内液压油已到油尺红线位置。

3）液压油泵排气工作应完成。

4）主顶油缸油路和油缸的排气工作应完成。

5）操纵台控制箱接线盒报警信号接线应完成。

（3）进、排泥泵调试检查内容及要求为：

1）电路系统正确连接且确认其正、反转。

2）泵运转正常且管路无漏水现象。顶进设备布置图如图 5-10 所示。

9. 进出洞口土体加固检查

为防止进、出洞口开启时，工作井或接收井外壁土体及地下水大量涌入井内，洞门开启前必须对工作井及接收井外侧土体进行加固。常见加固的方法为高压旋喷桩、深层搅拌桩、压密注浆、双液注浆。

进出洞口土体加固检查内容及要求为：

对加固体 28 天后进行钻芯取样检测，其无侧压抗压强度值应满足设计要求。必要时在洞口位置采用打探孔方式检测土体加固效果。

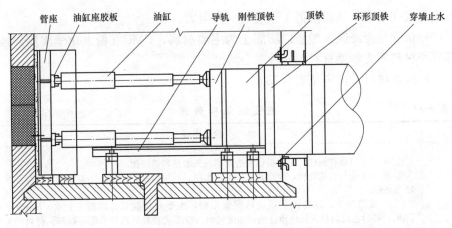

图 5-10　顶进设备布置图

10. 进出洞顶管机姿态检查

进出洞顶管机姿态检查内容及要求为：

（1）对基坑内导轨进行复测，水平轴线与管中心线一致、标高与管底标高一致。

（2）在顶管机刀尖及后壳进行复测，顶管机中心轴线标高、位置与管中心线标高一致。

（3）顶管机内倾斜仪数值及铰接油缸行程数值对于角度与弧度应满足轴线要求。

11. 防顶管机磕头及后退措施检查

（1）防磕头措施检查内容及要求为：

1）用混凝土在洞内下部浇一块弧形板或在洞内再预埋一副短的延伸导轨。

2）将顶管机与前几节管节用拉杆连接起来。

3）顶管机有下磕趋势立即用底部油缸进行纠偏。

（2）防后退措施检查内容及要求为：在洞口两侧各安装上一只手拉葫芦，当主顶油缸回缩前，设法用手拉葫芦把最后一节顶管或顶管机拉住不让它后退。

12. 顶力值、压力值检查

（1）顶进时，根据设计确定的顶力值（直线、曲线）检查实际所用的顶力值，如发现存在异常现象（顶力值忽高忽低）或超出规定值，要求暂缓施工，查明原因后再进行顶进。

（2）依据地勘报告计算压力值，检查实际土仓（泥水仓）压力值，压力值应介于上限与下限之间。

（3）根据路径所在地表面沉降现状，依据地表监控报告，要求出洞时以地面隆起不超过 5mm 的压力为宜，同时加强动态管理，及时进行调整。

13. 触变泥浆检查

（1）长距离顶管施工中，降低顶进阻力最有效的方法是进行注浆。使管周外壁形成泥浆润滑套，从而降低了顶进时的摩阻力。

（2）顶管触变泥浆一般是以膨润土为主要材料，CMC（粉末化学浆糊）或其他高分子材料等为辅助材料的一种混合溶液。

（3）检查项目及内容见表 5-13。

表 5-13   **触 变 泥 浆 检 查 表**

项目	检查内容
浆液质量	① 膨润土应取样测试。主要指标为造浆率、失水量和动塑比。 ② 膨润土进行过筛处理，清除其中砂子、水泥、石块等杂物，保证注浆顺利，减少注浆泵堵塞磨损。 ③ 一般情况下，现场按重量进行泥浆配制，主要材料包括：膨润土、水、Na_2CO_3 和 CMC，有时也可以加入其他掺合剂，如废机油、粉煤灰和其他高分子化合物等。材料的配比通常为：水：土＝（4～5）：1；土：掺合剂＝（20～30）：1。 ④ 泥浆 6 个指标性能。a. 比重：用于顶管施工的泥浆比重通常为 1.1～1.16g/cm³。b. 静切力：测定静切力一般用 1min 和 10min 两个标准的终切力，一般很小，约 100Pa，在实际顶管施工中可以不予考虑。c. 黏度：现场施工一般采用漏斗黏度，用漏斗黏度计进行测量，单位是秒（s）。顶管施工采用的触变泥浆黏度较大，一般大于 30s。d. 失水量：顶管泥浆失水量要求较小，大于 25cm³/30min，不宜用于顶管施工。e. 稳定性：指浆性能保持不变的持久性，以 24 小时后从泥浆中离析出来的水分与原体积的比作为稳定指标。用于顶管的泥浆要求无离析水。h. pH 值：在钢管顶进中，pH 值＜10，以防对钢管腐蚀。 ⑤ 浆液要充分搅拌，让其充分进行水化反应。 ⑥ 贮浆池上设置防雨装置，防止雨水对浆液黏度的影响。 ⑦ 在注浆过程中，应尽可能使浆液均匀地分布于管道的外表面，对于注浆压力、浆液的黏度和用量要经常进行检查。 ⑧ 对于浆液难以到达区域，可在切削刀盘位置或顶管机的尾部进行注浆；对于浆液容易到达区域，通过管道上注浆孔进行注浆。 ⑨ 注浆材料在任何施工阶段都要保持其流动性，不能通过孔壁漏失到地层中（对于损失的注浆材料应及时在量上给以补充）。 ⑩ 在注浆时必须密切进行沉降量的观测
注浆压力	① 注浆时压力不宜太高（为 1.1～1.2 倍的静止水压力、土压力之和），否则易冒浆且不易形成泥浆套。 ② 注浆压力较大时，应调整浆液黏度、速度、配合比及外加剂，以保证压力持续和平稳
注浆量	理论上注浆量为 $V_e=\pi \cdot L \cdot D \cdot \delta$ 式中，L 为注浆长度；D 为顶管外径；δ 为空隙宽度 由于顶管纠偏、跑浆和浆料的失水收缩等因素，实际上用的注浆量一般取 3～6V_e
注浆设备	① 注浆设备和管路要可靠，具有足够的耐压和良好的密封性能。 ② 注浆泵选择脉动小的螺杆泵，流量与顶进速度相应配。 ③ 顶管线路长，为使全程注浆压力不致相差过大，可每隔 400m 增设压浆泵以增大压力，其中第一个压浆泵尽可能地靠近顶管机布置。 ④ 注浆孔的位置应尽可能均匀地分布于管道周围，其数量和间距依据管道直径和浆液在地层中的扩散性能而定。每个断面可设置 3～6 个注浆孔，均匀地分布于管道周围注浆孔具有排气功能。 ⑤ 注浆孔中设置一个单向阀，使浆液管外土不能倒灌而堵塞注浆孔，从而影响注浆效果

项目	检查内容
压水量	① 每次注浆后应压一定清水，防止浆液在管路与注浆泵中凝固。 ② 压水量应严格控制，避免出现靠近浆管附近的浆液被稀释或浆液在管路中凝固
环状浆液	① 顶管管节采用钢筋混凝土 F 型管，其承口端与插口端之间有环形间隙。 ② 在钢筋混凝土 F 型管橡胶密封圈外侧环缝交叉呈 90°环向布置 4 只压浆孔。 ③ 泥浆通过压浆孔充满环形间隙后向土体中扩散，形成有效的环状泥浆套，提高了压浆质量并能取得良好的减阻效果

14. 出土（浆）量检查

对出土量进行检查，要求在初始顶进时加固区出土量不超过105％，非加固区出土量不超过95％。严格控制出土量，防止超挖，正常情况下出土量不超过理论出土量的98％。

15. 顶进速度检查

对顶进速度进行检查，要求初始顶进速度不超过 10mm/min，正常顶进速度为 20～30mm/min，如遇正面障碍物，速度不超过 10mm/min 以内。

16. 路径检查

（1）直线顶管。

由于传统的顶管测量方法激光经纬仪的激光束发射距离只能达到约 300m，300m 以后激光束开始减弱，随着顶进距离的变远激光也随之分散最后到完全没有。因此对进行长距离顶管的测量造成了不便，使用以往的传统测量方法已不能满足要求。对于此项问题制定了两种测量方法：

1）管道前进 300m 时依然使用以往的传统测量方法（激光导向法）。

2）当顶进超过 300m 时应在管内设置测站用全站仪采用导线法测量，此方法测量时间在管节顶进停止后进行。

（2）曲线顶管。

曲线顶管测量分简单测量和复杂测量。简单测量是指全站仪设在工作井内就可以进行全程测量的状态。复杂测量就是全站仪在工作井内无法通视，须在管内设测站的测量。

（3）测量相关规定。

1）施工过程中应对管道水平轴线和高程、顶管机姿态等进行测量，并及时对测量控制基准点进行复核；发生偏差时应及时纠正。

2）顶进施工测量前应对井内的测量控制基准点进行复核；发生工作井位移、沉降、变形时应及时对基准点进行复核。

3）管道水平轴线和高程测量应符合下列规定：

a. 出顶进工作井进入土层，每顶进 300mm 测量不应少于一次，正常顶进时，每顶进 1000mm，测量不应少于一次。

b. 进入接收工作井前 30m 应增加测量，每顶进 300mm，测量不应少于一次。

c. 全段顶完后，应在每个管节接口处测量其水平轴线和高程，有错口时，应测出相对高差。

d. 纠偏量较大或频繁纠偏时应增加测量次数。

e. 测量记录应完整、清晰。

4）曲线顶进时顶管机位置及姿态测量每米不应少于 1 次。

5）曲线顶管每顶入一节管，其水平轴线及高程测量不应少于 3 次。

17. 顶进纠偏检查

顶进纠偏检查内容及要求为：

（1）须贯彻"勤测、勤纠、微调"的原则。

（2）应在顶进中纠偏。

（3）应采用小角度逐渐纠偏。

（4）顶管机旋转时，宜采用改变切削刀盘的转动方向进行纠偏。

（5）机头内设的两组纠偏千斤顶的纠偏行程差值不能大于 500mm。

18. 中继间设置的检查

中继间是长距离顶管中必不可少的设备，通过增加中继间的方法，就可以把原来需要一次连续顶进几百米或几千米的长距离顶管，分成若干个短距离的小段来分别加以顶进。中继环、中继间如图 5-11 和图 5-12 所示。

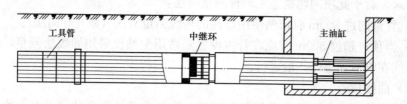

图 5-11　中继环示意图

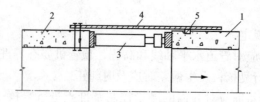

图 5-12　中继间的构造

1—前管；2—后管；3—千斤顶；4—中继间外套；5—密封环

常用的中继间为钢管中继间，常用的中继间油缸为活塞式双作用油缸。中继间油缸行程基本上为 300～500mm。

（1）当主顶的实际推力达到最大设计值的 50% 时，检查是否安放了第一个中继间。当主顶的实际推力达到最大设计值的 60% 时，检查是否启用了第一个中继间。

（2）第二台以后的中继间安放的时间：每当主顶实际推力达到最大设计值的 70% 时，检查是否安放了下一个中继间。当主顶实际推力达到最大设计值的 80% 时，检查是否启动了该中继间。

（3）中继间的间距为：

$$L = P - P_F/f_s\pi D_1$$

式中，P 为计算的总顶力（kN）；D_1 为管道外径，m；f_s 为管道外壁与土的平均摩阻力；P_F 为顶管机的迎面阻力。

19. 曲线顶管方向检查

曲线段顶管机顶进方向的控制与直线段不同，直线顶管顶进时顶管机开挖出来的洞穴轴线与引进管的轴线基本一致的，曲线顶管顶进时洞穴轴线与引进管的轴线是不一致的。引进管进入洞穴时其轴线自然会向曲线外侧移动，顶管机顶进方向须进行调整。

曲线顶管方向检查内容及要求为：

（1）机头进入过渡曲线段时，应开启机头的纠偏油缸，同时视情况确定否开启第一个中继间油缸以及前 3～4 节纠偏特殊管的起曲油缸。中继间和前 3～4 节管的接口缝隙应满足理论计算要求，以便尽早形成整体弯曲弧度，便于曲线控制。中继间油缸以及特殊管上的起曲油缸顶出后，在曲线外侧的管子断面缝隙中塞进垫木，然后将油缸卸载。

（2）检查机头与第一只中继间、中继间与第一节管以及前三节管应安装拉杆螺栓，检查调节的拉杆螺母，保证管缝宽度始终与理论缝隙一致。

（3）前 20m 管道的接口缝隙、拉杆螺母调整、弧形塞木衬垫、缝隙量满足曲线要求。

20. 管节及橡胶止水带进场验收

（1）管节进场必须有合格证、试验报告，不合格管材坚决做退货处理。

（2）钢筋混凝土管进场验收项目。

1）检查原材料合格证、试验报告。

2）管材的合格证、试验报告。

3）混凝土表面光洁度，是否有蜂窝、麻面、露筋、裂缝等现象。

4）检查管材的外形尺寸，包括长度、直径、钢套环的直径、宽度厚度。

管节制作精度要求：内径 D_0：（−0，＋6）mm；壁厚 ±5mm，外径 ±4mm，

宽度 L：$(-10，+15)$mm，接口直径：$±1.5$mm，接口长度 $±2$mm，断面倾斜的允许偏差为：5mm，管节弯曲度的允许偏差为：3mm。

5）钢套环无变形、扭曲现象。钢套环接口无疵点，焊接接缝平整，肋部与钢板平面垂直，且应按设计规定进行防腐处理。

6）止水槽的深度、橡胶圈的外观和断面组织应致密、均匀、无裂缝、无裂纹和老化现象，硬度（邵尔 A°)$50±5$；拉伸强度 $\geqslant 13$MPa；拉断延长率 $\geqslant 500\%$。

7）木衬垫为质地均匀，富有弹性松木、杉木或胶合板；压缩模量不应大于140MPa；厚度通常为 $10\sim30$mm；混凝土管木垫圈外径应与橡胶密封圈槽口齐平，内径应比管道内径大 20mm。

8）接口宽度、深度符合表 5-14 要求。

表 5-14　　　　　　　　　　接口宽度、深度表

密封介质			
材料	1 黏结剂		2 可压缩的橡胶
接口宽度 b（mm）	最小 10mm		
接口深度 t（mm）	单层 $t \geqslant 12+b/3$	双层 $t \geqslant 2(12+b/3)$	$t \geqslant 2b$
工作面的特征	干燥（湿度 $<5\%$），除油、除尘		除油、不受湿度影响
	对管道表面的突起和坑洞进行平整		

（3）钢管进场验收项目。

1）检查原材料合格证、试验报告。

2）管材的合格证、试验报告。

3）卷制钢管同一断面内宜采用一条纵向焊缝。若采用两条纵向焊缝，对大直径管焊缝间距应大于 300mm；小直径管纵向焊缝间距应大于 100mm。

4）卷制钢管接长时，管口对接应平整，当采用 300mm 的直尺在接口外纵向贴靠检查时，相邻管壁的错位允许偏差为 0.2 倍壁厚，且不大于 2mm。相邻管段对接时，纵向焊缝位置错开的距离应大于 300mm。

5）钢管几何尺寸允许偏差见表 5-15。

表 5-15　　　　　　　　钢 管 允 许 偏 差 表

项目	允许偏差	
周长	$D_1 \leqslant 600$	$±2.0$
	$D_1 > 600$	$±0.0033 D_1$
椭圆度	管端部位 $0.005 D_1$；其他部位 $0.01 D_1$	
端面垂直度	$0.001 D_1$，且不应大于 1.5	
弧度	用弧长 $\pi * D_1/6$ 的弧形板量测于管内壁或外壁纵缝处形成的间隙，其间隙不大于 $0.1t+2$，且不大于 4，距管端 200mm 纵缝处的间隙不应大于 2	

（4）采用钢套环橡胶圈防水接口时，应符合下列规定：

1）混凝土管节表面应光洁、平整，无砂眼、气泡；接口尺寸符合规定。

2）橡胶圈的外观和断面组织应致密、均匀，无裂缝、孔隙或凹痕等缺陷，安装前应保持清洁，无油污，且不得在阳光下直晒。

3）钢套环接口无疵点，焊接接缝平整，肋部与钢板平面垂直，且应按设计规定进行防腐处理。

4）木衬垫的厚度应与设计顶进力相适应。

5）黏结木衬垫时凹凸口应对中，环向间隙应均匀。

21. 接口检查

（1）插入前，承插管无变形、滑动面应涂润滑剂，插入时用力应均匀。

（2）安装后，橡胶圈未出现位移、扭转或露出管外。

22. 置换砂浆的控制

（1）顶进结束后，应对泥浆套的浆液进行置换。置换浆液一般可采用水泥砂浆掺合适量的粉煤灰。待压浆体凝结后（一般在 24h 以上）方可拆除注浆管路，并换上闷盖将注浆孔封堵。

（2）检查置换数量，理论上不少于形成泥浆套的数量。

23. 顶管隧道外观检查

（1）顶进管道不偏移，管节不错口，管道坡度不得有倒落水。

（2）管道接口套环应对正管缝与管端外周，管端垫板粘接牢固、不脱落。

（3）管道接头密封良好，橡胶密封圈安放位置正确。需要时应按要求进行管道密封检验。

（4）管节无裂纹、不渗水，管道内部不得有泥土、建筑垃圾等杂物。

（5）顶管结束后，管节接口的内侧间隙应按设计规定处理；设计无规定时，可采用石棉水泥、弹性密封膏或水泥砂浆密封，填塞物应抹平，不得突入管内。

（6）钢筋混凝土管道的接口应填料饱满、密实，且与管节接口内侧表面齐平，接口套环对正管缝、贴紧，不脱落。

5.3.6　环保、安全风险管控监理控制要点

1. 顶管机进开洞门可能发生涌砂、坍塌、高空坠物

控制要点：

（1）督促施工单位加强操作规程交底、掌握地质勘探等避免门洞破除不合理形成水土压力过高。

（2）督促施工单位加强周边建筑物沉降监测。

（3）督促施工单位加强相邻管线沉降监测。

（4）督促施工单位加强道路沉降监测。

2. 顶管施工遇到管线可能发生停电、停水、停气

控制要点：

（1）督促施工单位开工前探明地下管线的位置、埋深和走向。

（2）督促施工单位加强对地下管线的监测。

（3）督促施工单位走访相关产权单位，加强对施工区域内管线位置的交底。

3. 顶管内部有害气体中毒

控制要点：

（1）督促施工单位现场配备气体检测装置。

（2）督促施工单位在隧道内采用大功率、高性能风机通风采，用风管送风至开挖面。

4. 顶管机、管节吊装可能发生高空坠物

控制要点：

（1）要求施工单位做好安全技术交底，并配置专职安全员。

（2）要求吊装作业有专人指挥，吊装区域内杜绝闲杂人员进入。

（3）作业前对吊装带、绳索进行安全检查，存在隐患的坚决更换。

（4）定期对起重设备进行检查，防止带病作业。

5.4 明挖电缆隧道工程监理

5.4.1 明挖电缆隧道工程监理特点

明挖电缆隧道：从地面向下分层、分段依次开挖，直至达到结构要求的尺寸和高程，然后在基坑中进行隧道主体结构施工和防水作业，最后回填恢复地面。

明挖电缆隧道优点：

（1）土建造价相对较低、施工快捷；

（2）适合多种不同的地质条件，可以有效地减小电缆线路的埋深；

（3）施工工艺简单、技术成熟、施工安全、工期短、施工质量易保证；

（4）防水方法简单、质量可靠。

缺点：

施工时对周边环境或建筑物的结构、地基基础稳定性影响大。

因此监理明挖电缆隧道工程，边坡支护和加固是确保安全施工的关键，以此保证周边环境和建筑物的结构、地基基础稳定和安全。

5.4.2　监理依据

明挖电缆隧道工程监理的依据见表5-16。

表5-16　　　　　　　本节所引用的相关规程、规范名称及编号

序号	规范名称	编号
1	混凝土结构工程施工质量验收规范	GB 50204—2015
2	建筑地基基础工程施工质量验收规范	GB 50202—2002
3	建筑工程施工质量验收统一标准	GB 50300—2013
4	地下工程防水技术规范	GB 50108—2008
5	给水排水管道工程施工及验收规范	GB 50268—2008
6	建筑基坑支护技术规程	JGJ 120—2012

1. 明挖电缆隧道施工强制性条文规定

(1)《建筑地基基础工程施工质量验收规范》(GB 50202—2002)。

7.1.3　土方开挖的顺序、方法必须与设计工况相一致，并遵循"开槽支撑，先撑后挖，分层开挖，严禁超挖"的原则。

7.1.7　基坑（槽）、管沟土方工程验收必须确保支护结构安全和周围环境安全为前提。当设计有指标时，以设计要求为依据，如无设计指标时应按表7.1.7的规定执行。

(2)《建筑基坑支护技术规程》(JGJ 120—2012)。

3.1.2　基坑支护应满足下列功能要求：a 保证基坑周边建（构）筑物、地下管线、道路的安全和正常使用；b 保证主体地下结构的施工空间。

8.1.3　当基坑开挖面上方的锚杆、土钉、支撑未达到设计要求时，严禁向下超挖土方。

8.1.4　采用锚杆或支撑的支护结构，在未达到设计规定的拆除条件时，严禁拆除锚杆或支撑。

8.1.5　基坑周边施工材料、设施或车辆荷载严禁超过设计要求的地面荷载限值。

8.2.2　安全等级为一级、二级的支护结构，在基坑开挖过程中与支护结构使用期内，必须进行支护结构的水平位移监测和基坑开挖影响范围内建（构）筑物、地面的沉降监测。

(3)《建筑工程施工质量验收统一标准》(GB 50300—2013)。

5.0.8 经返修或加固处理仍不能满足安全或使用要求的分部工程及单位工程，严禁验收。

6.0.6 建设单位收到工程竣工报告后，应由建设单位项目负责人组织监理、施工、设计、勘察等单位项目负责人进行单位工程验收。

（4）《给水排水管道工程施工及验收规范》（GB 50268—2008）。

1.0.3 给排水管道工程所用的原材料、半成品、成品等产品的品种、规格、性能必须符合国家有关标准的规定和设计要求。

3.1.9 工程所用的管材、管道附件、构（配）件和主要原材料等产品进入施工现场时必须进行进场验收并妥善保管。进场验收时应检查每批产品的订购合同、质量合格证书、性能检验报告、使用说明书、进口产品的商检报告及证件等，并按国家有关标准规定进行复验，验收合格后方可使用。

3.1.15 给排水管道工程施工质量控制应符合下列规定：

a 各分项工程应按照施工技术标准进行质量控制，每分项工程完成后，必须进行检验；

b 相关各分项工程之间，必须进行交接检验，所有隐蔽分项工程必须进行隐蔽验收，未经检验或验收不合格不得进行下道分项工程。

3.2.8 通过返修或加固处理仍不能满足结构安全或使用功能要求的分部（子分部）工程、单位（子单位）工程，严禁验收。

2. 明挖电缆隧道施工安全管理规定

（1）隧道施工应设双回路电源，并有可靠切断装置。照明线路电压在施工区域不得大于36V，成洞和施工区以外地段可用220V。

（2）隧道施工范围内必须有足够照明。交通要道、工作面和设备集中处并应设置安全照明。

（3）动力照明的配电箱应封闭严密，不得乱接电源，应设专人管理并经常检查、维修和养护。

（4）隧道施工应采用机械通风。当主风机满足不了需要时，应设置局部通风系统。

（5）隧道内通风应满足各施工作业面需要的最大风量，风量应按每人每分钟供应新鲜空气 $3m^3$ 计算，风速为 0.12~0.25m/s。

5.4.3 明挖电缆隧道施工监理工作流程

明挖电缆隧道施工监理工作流程如图 5-13 所示。

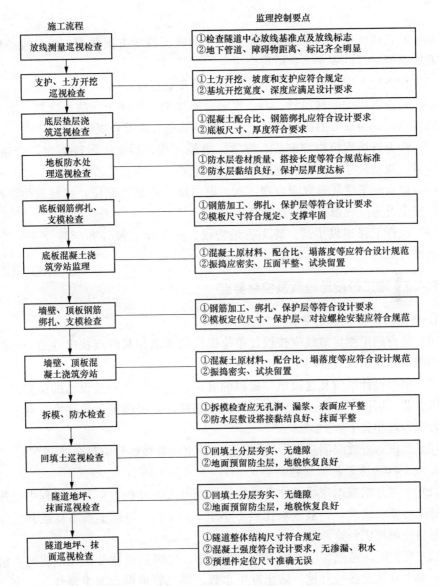

图 5-13 明挖电缆隧道工程施工监理工作流程图

5.4.4 施工准备阶段监理工作要点

（1）熟悉电缆隧道线路设计图纸、文件、学习相关规程、规范。

（2）审查施工单位"施工组织设计"。

（3）审查分包商（允许时）资质、试验单位资质及试验人员、特殊工种上岗证。

（4）检查施工机械、工器具配备是否符合施工技术方案要求，机具维护保养工作状态是否正常，安全系数应符合规定。

（5）检查施工用计量器具的鉴定证书是否齐全有效。

（6）检查进场的原材料砂、石、水泥、添加剂、膨润土、防火涂料、防水涂料、防水材料、钢筋等的出厂合格证、进场试验报告应符合规定。

（7）检查进场构筑物预制件、穿管、电缆支架、桥架、附件等出厂合格证、加工质量、规格尺寸、防腐性能应满足相关规定。

（8）检查施工现场布置应合理，水、电、路三通是否到位，机械就位，材料堆放、安全设施应规范齐全、布置有序。

（9）检查工程建设手续、施工占地协议、施工开工报告齐全符合开工条件、方可批准开工。

5.4.5 施工阶段监理质量控制要点

1. 测量放线监理控制要点

（1）检查施工测量放线应按设计单位提供的图纸和基准点找出隧道中心线及隧道边线，并做出放线的明显标志。

（2）根据设计单位和建设单位提供的管道、地下构筑物及设施的位置图，并向周围企业、居民了解情况，标出障碍物和路径，督促施工单位注意，对于需改线的管线办理相关手续。

（3）监理审查放线测量记录应符合设计要求，放线误差应符合规定。

2. 支护和土方开挖监理控制要点

（1）土方开挖根据现场条件可使用机械也可人工开挖，但开挖过程中应按照土质情况按要求放坡，一般放坡比例不小于 1：0.25；如果土质不良或开挖深度大，可将边坡挖成台阶形。

（2）开挖时注意监督保护地下管道和设施，特别是机械开挖在不明地下情况时，不得大方量或强行开挖，防止发生水管、煤气管泄漏，发生爆炸、火灾、水淹事故。

（3）对于靠近建筑物的隧道，地下水位高和土质松软的沙质土层要监督施工做好支护、排水、防护措施，防止发生坍塌事故。

（4）随时用经纬仪检测隧道开挖方向，测量标高。

（5）土方开挖后，验收坑道的坑底标高、坑深、宽度及方向应符合隧道设计要求。

3. 底板防水处理监理控制要点

(1) 检查防水材料的质量，其合格证是否在保质期内。

(2) 清理混凝土表面杂物，将防水材料胶粉与水泥掺好，比例为每袋水泥掺一袋胶粉，然后掺水搅拌成水泥浆，搅拌均匀后将水泥浆均匀抹在混凝土表面。

(3) 将防水卷材平铺其上，卷材在隧道宽度方向每边留出 300mm 与侧壁搭接，铺好后用抹子将防水卷材刮平压实，使防水层与垫层充分黏结好，防水卷材搭接长度为 100mm，上下两层接缝应错开。

(4) 沿隧道的墙外边线用 2cm 厚木条做边框，然后在防水层上抹 2cm 厚的砂浆保护层。

4. 钢筋绑扎、支模监理控制要点

(1) 检查钢筋规格、长度、加工质量应符合设计规定。

(2) 检查模板配置尺寸符合隧道设计要求，模板应平整，涂刷脱模剂。

(3) 钢筋绑扎间距、钢筋搭接长度应符合设计规范规定，检查钢筋保护层砂浆垫块间距，布点方式符合要求，预留对拉螺栓的孔距符合要求。

(4) 模板应安装牢固，其混凝土厚度及钢筋保护层厚度应符合设计要求，对拉螺栓固定良好、齐全。

(5) 钢筋绑扎完毕，应将预埋件按设计要求尺寸焊接在主筋上，检查预埋件的焊接质量及位置是否对齐在一条直线，并符合设计尺寸要求。

5. 混凝土浇筑监理控制要点

(1) 混凝土浇筑，监理人员应旁站监理，检查混凝土的配合比、开盘鉴定等。

(2) 混凝土浇筑前先用水将模板接缝处清洗干净。

(3) 浇筑时注意振捣密实。

(4) 检查浇筑质量，防止漏振，注意检查有无漏浆、跑浆、胀模情况，试块留置。

6. 拆模及防水层处理监理控制要点

(1) 在混凝土浇筑后，强度达到设计强度的 60%～70% 后，拆除外模，拆模应防止混凝土表面受损。

(2) 检查混凝土拆模后表面质量，如有孔洞、麻面应按规范规定及时修复。

(3) 切割墙壁上固定模板的对拉螺栓，切割面应与混凝土面平齐。

(4) 检查墙壁防水卷材应与底板预留防水层搭接，搭接长度符合设计要求，墙壁、顶板防水层上下两层接缝也应错开布置，并用胶粉水泥浆与混凝土结构黏合。

(5) 防水层施工完成后，在防水层表面按设计要求抹 20mm 厚水泥砂浆保护层。

7. 回填土监理控制要点

(1) 土方回填时应分层回填夯实，每层厚度不超过 300mm。

(2) 清理施工场地，应恢复地貌符合环保规定。

(3) 要采取措施防止外部地面雨水进入隧道口。

8. 隧道地坪、抹面、排水设施监理控制要点

(1) 检查隧道内地面平整应符合设计要求，并有一定的坡度能符合排水坡度规定。

(2) 隧道施工同时应将隧道集水井一并开挖砌筑完成，使隧道内排水畅通。

(3) 隧道内部墙面及顶板设计如有防水要求时应按要求施工防水层，最后表面应用水泥砂浆抹面找平。

5.4.6 环保、安全风险管控监理控制要点

1. 环境保护监理控制要点

(1) 在施工作业前要进行人员、作业环境因素风险识别及防范措施等策划，教育员工树立环保意识。

(2) 工地废料、废机油等及时回收，严禁随地乱倒，油料对地面造成污染时应采取措施进行清理，对机械渗油、漏油部位采取修理或集中收集处理。

(3) 降低施工噪音，控制噪声对环境的影响，满足《建筑施工场界噪声限值》(GB 12523—1990) 的要求。

(4) 施工产生的施工垃圾，各班组必须及时清除并分类堆放。做到工完、料尽、场清，随时保持工地整齐清洁。

(5) 施工现场设置废料桶，用于建筑废料、机械修理配件、生活垃圾等的储存，并由专人负责及时清理。

2. 安全风险监理控制要点

(1) 隧道基坑开挖，应及时设置安全围栏和警戒线，防止人员坠落。

(2) 监理巡查，对于地基沉降观测点，及时观测并观测数据，如若沉降达到预警值，及时采取应对措施。

(3) 施工期间，监理人员应会同有关人员对隧道支护部分定期进行检查，在不良地质地段、每班设专人检查，当发现支护变形或损坏时，应立即整修和加固；当变形或损坏情况严重时，应先将施工人员撤离现场，再加以固定。

(4) 隧道的通风与防尘管理监理巡查控制要点：粉尘的浓度、氧气、一氧化碳浓度、二氧化硫浓度、氨的浓度、隧道内的气温等相关指标的要求应符合相关的法规标准的要求。

5.5　电缆线路沟、管工程监理

5.5.1　电缆线路沟、管工程监理特点

（1）由于城市地下管道、设施和地质条件复杂，促使电缆线路构筑物多样化，有排管、沟道等多种型式，为了解决这些施工难题，施工采用了机械化和智能化施工技术，所以要求监理人员具备电力、土建、机械等各专业基础知识和实践经验，不断学习新技术适应监理工作的需要。

（2）电缆线路沟、管工程具有施工简单、快捷、经济、安全的优点，适用于地面开阔和地下地质条件较好的情况，施工过程中主要注意土方开挖较深地方的安全监理工作。

5.5.2　监理依据

电缆线路沟、管工程监理依据见表 5-17。

表 5-17　　　　　本节所引用的相关规程、规范名称及编号

序号	规范名称	编号
1	建筑工程施工质量验收统一标准	GB 50300—2013
2	混凝土结构工程施工质量验收规范	GB 50204—2015
3	建筑工程绿色施工规范	GBT 50905—2014
4	建筑基坑支护技术规程	JGJ 120—2012

1. 电缆线路沟、管施工强制性条文规定

（1）《建筑工程施工质量验收统一标准》（GB 50300—2013）。

5.0.8　经返修或加固处理仍不能满足安全或使用要求的分部工程及单位工程，严禁验收。

6.0.6　建设单位收到工程竣工报告后，应由建设单位项目负责人组织监理、施工、设计、勘察等单位项目负责人进行单位工程验收。

（2）《建筑基坑支护技术规程》（JGJ 120—2012）。

3.1.2　基坑支护应满足下列功能要求：a 保证基坑周边建（构）筑物、地下管线、道路的安全和正常使用；b 保证主体地下结构的施工空间。

8.1.3　当基坑开挖面上方的锚杆、土钉、支撑未达到设计要求时，严禁向下超挖土方。

8.1.4 采用锚杆或支撑的支护结构，在未达到设计规定的拆除条件时，严禁拆除锚杆或支撑。

8.1.5 基坑周边施工材料、设施或车辆荷载严禁超过设计要求的地面荷载限值。

8.2.2 安全等级为一级、二级的支护结构，在基坑开挖过程中与支护结构使用期内，必须进行支护结构的水平位移监测和基坑开挖影响范围内建（构）筑物、地面的沉降监测。

2. 电缆线路沟、管施工安全管理规定

（1）工程建设、施工、监理等单位的各级管理人员、工程技术人员应熟知并严格遵守 DL 5009.2—2013《电力建设安全工作规程》；施工人员熟悉并严格遵守 DL 5009.2—2013《电力建设安全工作规程》，并考试合格。

（2）土石方开挖施工等作业应在施工前编写完整、有效的施工作业指导书，其中应有安全技术措施。现场施工应符合作业指导书的规定，未经审批人同意，不得擅自变更，并在施工前进行安全技术交底。

（3）土方开挖过程中必须观测基坑周边土质是否存在裂缝及渗水等异常情况，适时进行监测。

（4）挖土区域设警戒线，各种机械、车辆严禁在开挖的基础边缘 2m 内行驶、停放。

（5）开挖土方应根据现场的土质确定电缆沟、坑口的开挖坡度，防止基坑坍塌；采取有效的排水措施。不得将土和其他物件堆在支撑上，不得在支撑上行走或站立。沟槽开挖深度达到 1.5m 及以上时，应采取防止土层塌方措施。每日或雨后复工前，应检查土壁及支撑稳定情况。

（6）施工临时用电安全、电气设备和电动工具使用需遵守 DL 5009.2—2013《电力建设安全工作规程》。

5.5.3 施工监理工作流程

电缆线路沟、井、排管工程监理工作流程图如图 5-14 和图 5-15 所示。

5.5.4 施工准备阶段监理工作要点

（1）熟悉电缆线路设计图纸、文件，学习相关规程、规范。

（2）审查施工单位"电缆线路施工组织设计"，电缆线路建筑与构筑物、电缆施工方案、质量安全措施，并督促技术交底。

（3）审查分包商资质、试验单位资质及试验人员、特殊工种上岗证。

施工流程   监理控制要点

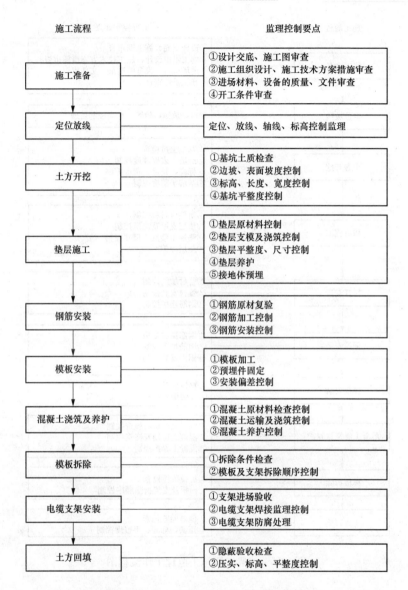

图 5-14　沟、井工程施工监理工作流程图

（4）从事电工、测工、焊工、接续操作工等特殊工种的人员必须经过培训，考试合格，持证上岗。

（5）检查施工机械、工器具配备是否符合施工技术方案要求，机具维护保养工作状态是否正常，安全系数应符合规定。

（6）检查进场的原材料砂、石、水泥、钢筋等出场合格证、进场试验报告应符合规定，混凝土配合比、混凝土试验报告应符合设计要求。

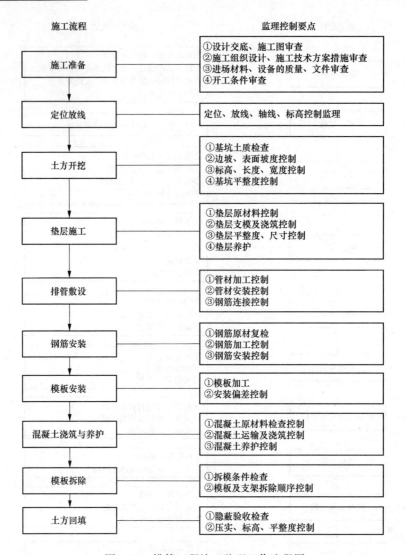

施工流程　　　　　　　　　　　　　　　　监理控制要点

施工准备　→　①设计交底、施工图审查
　　　　　　　②施工组织设计、施工技术方案措施审查
　　　　　　　③进场材料、设备的质量、文件审查
　　　　　　　④开工条件审查

定位放线　→　定位、放线、轴线、标高控制监理

土方开挖　→　①基坑土质检查
　　　　　　　②边坡、表面坡度控制
　　　　　　　③标高、长度、宽度控制
　　　　　　　④基坑平整度控制

垫层施工　→　①垫层原材料控制
　　　　　　　②垫层支模及浇筑控制
　　　　　　　③垫层平整度、尺寸控制
　　　　　　　④垫层养护

排管敷设　→　①管材加工控制
　　　　　　　②管材安装控制
　　　　　　　③钢筋连接控制

钢筋安装　→　①钢筋原材复检
　　　　　　　②钢筋加工控制
　　　　　　　③钢筋安装控制

模板安装　→　①模板加工
　　　　　　　②安装偏差控制

混凝土浇筑与养护　→　①混凝土原材料检查控制
　　　　　　　②混凝土运输及浇筑控制
　　　　　　　③混凝土养护控制

模板拆除　→　①拆模条件检查
　　　　　　　②模板及支架拆除顺序控制

土方回填　→　①隐蔽验收检查
　　　　　　　②压实、标高、平整度控制

图 5-15　排管工程施工监理工作流程图

（7）检查进场构筑物预制件、电力管材等出场合格证、规格尺寸、防腐性能应满足规定。

（8）检查施工现场应布置合理，水、电、路三通是否到位，机械就位，材料堆放、安全设施应规范齐全、布置有序。

（9）检查工程建设手续、施工占地协议、施工开工报告齐全符合开工条件，方可批准开工。

5.5.5　施工阶段监理质量控制要点

1. 定位放线

（1）采用平行线法进行放样，先找出道路中心线，再用经纬仪测投直角，根据设计给定的中心线同道路中心线的关系测定通道中心线，并做出放线的明显标志。

（2）根据设计图纸，摸清运行电缆位置及地下管线分部位置，对需改线的管线办理相关手续。

（3）监理审查放线测量记录应符合设计要求，放线误差应符合规定。

2. 土方开挖

（1）开挖前施工单位应根据挖深、地质条件、施工方法、地面荷载资料制订开挖施工方案、环境保护措施、经监理审批后方可施工。

（2）根据图纸，复核排管中心线走向、折向控制点位置及宽度的控制线。

（3）若有地下水或流砂等不利地质条件，土方工程施工前，施工单位应制定降水、排水措施。当在基坑开降水时，应有降水范围的估算，对降水范围内的重要建筑物或公共设施在降水过程中，监理应督促施工单位进行监测。

（4）监理应监督土方开挖的顺序、方法是否与设计工况一致。有支撑的基坑，需遵循"分层开挖，限时开挖、限时支撑，严禁超挖"的原则。对沟槽的开挖，还应遵循"对称平衡"的原则。

（5）沟槽的开挖断面应符合施工组织设计（方案）的要求。槽底原状地基不得扰动，机械开挖时槽底预留200～300mm，土层由人工开挖至设计高程，整平。开挖长度、宽度（由设计中心线向两边量）偏差符合设计要求。

（6）在场地条件、地质条件允许的情况下，可放坡开挖，挖方的边坡值应符合表5-18的规定。

表5-18　　　　　　　　　土方开挖边坡值

挖方边坡值		
土的类别		边坡值（高：宽）
砂土（不包括细砂、粉砂）		1：1.25～1：1.50
一般性黏土	硬	1：0.75～1：1.00
	硬、塑	1：1.00～1：1.25
	软	1：1.50 或更缓
碎石类土	充填坚硬、硬塑黏性土	1：0.50～1：1.00
	充填砂土	1：1.00～1：1.50

注　1. 设计有要求时，应符合设计标准。
　　2. 如采用降水或其他加固措施，可不受本表限制，但应计算复核。
　　3. 开挖深度，对软土不应超过4m，对硬土不应超过8m。

（7）土方开挖工程的质量检验标准应符合表 5-19 的规定。

表 5-19　　　　　　　　　　土方开挖工程的质量检验标准

项目	序号	项目	允许偏差或允许值			检验方法
			柱基、基坑、基槽	挖方场地平整		
				人工	机械	
主控项目	1	标高	−50	±30	±50	水准仪
	2	长度、宽度（由设计中心线向两边量）	+200 −50	+300 −100	+500 −150	经纬仪，用钢尺量
	3	边坡	设计要求			观察或用坡度尺检查
一般项目	1	表面平整度	20	20	50	靠尺和楔形塞尺检查
	2	基底土性	设计要求			观察或土样分析

表头："土方开挖工程质量检验标准（mm）"

3. 垫层施工

（1）原材料及配合比必须符合设计要求和现行有关标准的规定。

（2）模板及支架材料的技术指标应符合国家现行有关标准和专项施工方案的规定。

（3）浇筑前应检查混凝土送料单，确认混凝土强度等级，检查混凝土运输时间，测定混凝土坍落度，必要时还应测定混凝土扩展度，在确认无误后再进行混凝土浇筑。

（4）混凝土下料时防止离析，并及时机械振捣使混凝土密实，达到预定厚度时压面、找平。

（5）混凝土养护应符合施工技术方案和 GB 50666—2015《混凝土结构工程施工规范》中有关标准规定。

（6）表面平整度≤10；标高偏差±10；坡度偏差不大于相应尺寸的2‰，且不大于 30mm；厚度偏差在个别地方不大于设计厚度的 1/10。

（7）明挖沟道，垫层施工前需按照设计要求埋设接地网。

4. 排管敷设

（1）电缆管加工控制。

1）电缆管不应有穿孔、裂缝和显著的凹凸不平，内壁应光滑；金属电缆管不应有严重锈蚀。硬质塑料管不得用在温度过高或过低的场所。

2）在易受机械损伤的地方和在受力较大处直埋时，应采用足够强度的管材。

3）电缆管的加工应符合下列要求：

a. 管口应无毛刺和尖锐棱角，管口宜做成喇叭形。

　　b. 电缆管在弯制后，不应有裂缝和显著的凹瘪现象，其弯扁程度不宜大于管子外径的 10%；电缆管的弯曲半径不应小于所穿入电缆的最小允许弯曲半径。

　　c. 金属电缆管应在外表涂防腐漆或涂沥青，镀锌管锌层剥落处也应涂以防腐漆。

　　4）电缆管的内径与电缆外径之比不得小于 1.5；混凝土管、陶土管、石棉水泥管除应满足上述要求外，其内径尚不宜小于 100mm。

　　5）每根电缆管的弯头不应超过 3 个，直角弯不应超过 2 个。

　　（2）管材安装控制。

　　1）保证连接的管材之间笔直连接。

　　2）排管长度一般为 2～4m，接口应严密不得渗水，管子的接口在布放时应互相错开。

　　3）垫块应分层放置，管材间上下两层的管材垫块应错开放置，垫块应有一定强度。

　　4）若采用排管托架，托架的布置间距应满足管材铺设及混凝土振捣的相关要求。

　　5）电缆管明敷时应符合下列要求：

　　a. 电缆管应安装牢固。

　　b. 电缆管支持点间的距离，当设计无规定时，不宜超过 3m。

　　c. 当塑料管的直线长度超过 30m 时，宜加装伸缩节。

　　6）敷设混凝土、陶土、石棉水泥等电缆管时，其地基应坚实、平整，不应有沉陷。电缆管的敷设应符合下列要求：

　　a. 电缆管的埋设深度不应小于 0.7m；在人行道下面敷设时，不应小于 0.5m。

　　b. 电缆管不应有小于 0.1% 的排水坡度。

　　c. 电缆管连接时，管孔应对准，接缝应严密，不得有地下水和泥浆渗入。

　　7）排管安装示意图如图 5-16 所示。

　　（3）管材连接监理。

　　1）金属电缆管连接应牢固，密封应良好，两管口应对准。套接的短套管或带螺纹的管接头的长度，不应小于电缆管外径的 2.2 倍。金属电缆管不宜直接对焊。

　　2）硬质塑料管在套接或插接时，其插入深度宜为管子内径的 1.1～1.8 倍。在插接面上应涂以胶合剂粘牢密封；采用套接时套管两端应封焊。

　　5. 钢筋安装

　　（1）原材料抽检：钢筋进场时，应按 GB 1499—2007《钢筋混凝土用钢带肋钢筋》等的规定抽取试件做力学性能试验，其质量必须符合有关标准的规定。

　　（2）当发现钢筋脆断、焊接性能不良或力学性能显著不正常等现象时，应对该批钢筋进行化学成分检验或其他专项检验。

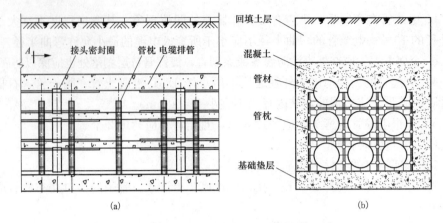

图 5-16 排管工程结构截面图

（a）排管纵截面；（b）排管横截面

（3）受力钢筋弯钩和弯折、箍筋末端弯钩符合设计要求。

（4）钢筋表面质量：钢筋应平直、无损伤，表面不得有裂纹、油污、颗粒状或片状老锈。

（5）钢筋安装偏差及检验方法应符合表 5-20 的规定。

表 5-20 钢筋安装偏差及检验方法

项目		允许偏差（mm）	检验方法
绑扎钢筋网	长、宽	±10	尺量
	网眼尺寸	±20	尺量连续三挡，取最大偏差值
绑扎钢筋骨架	长	±10	尺量
	宽、高	±5	尺量
纵向受力钢筋	锚固长度	−20	尺量
	间距	±10	尺量两端、中间各一点，取最大偏差值尺量
	排距	±5	
纵向受力钢筋、箍筋的混凝土保护层厚度	柱、梁	±5	尺量
	板、墙、壳	±3	尺量
绑扎钢筋、横向钢筋间距		±20	尺量连续三挡，取最大偏差值
钢筋弯起点位置		20	尺量，沿纵、横两个方向量测，并取其中偏差的较大值

6. 模板安装

（1）模板、支架杆件和连接件的进场检查应符合下列规定：

1）模板表面应平整；胶合板模板的胶合层不应脱胶翘角；支架杆件应平直，

应无严重变形和锈蚀；连接件应无严重变形和锈蚀，并不应有裂纹。

2）模板规格、支架杆件的直径、壁厚等，应符合设计要求。

3）对在施工现场组装的模板，其组成部分的外观和尺寸应符合设计要求。

4）有必要时，应对模板、支架杆件和连接件的力学性能进行抽样检查。

5）对外观，应在进场时和周转使用前全数检查。

（2）模板与混凝土接触表面应涂抹脱模剂，不得沾污钢筋和混凝土。

（3）在浇筑混凝土之前，模板内部应清洁干净无任何杂质。

（4）模板采取必要的加固措施，提高模板的整体刚度。

（5）斜支撑与侧模的夹角不应小于 45°，支于土壁的斜支撑应加设垫板，底部的对角楔木应与斜支撑连牢。

（6）现浇结构模板允许偏差和检查方法见表 5-21。

表 5-21　　　　　　　　现浇结构模板允许偏差和检查方法

项目		允许偏差（mm）	检查方法
轴线位置		5	钢尺检查
底模上表面标高		±5	水准仪或拉线、钢尺检查
截面内部尺寸	基础	±10	钢尺检查
	柱、墙、梁	+4，−5	钢尺检查
垂直度	全高不大于 5m	6	经纬仪或吊线、钢尺检查
	全高大于 5m	8	经纬仪或吊线、钢尺检查
相邻两板表面高低差		2	钢尺检查
表面平整度		5	2m 靠尺和塞尺检查

7. 混凝土浇筑与养护

（1）模板支立完毕，施工单位经自检合格并报监理签证后，可进行包管混凝土的浇筑。

（2）采用自搅拌混凝土时，混凝土原材料检测合格，按照实验室出具的混凝土配合比进行搅拌。

（3）采用商品混凝土时，需提供混凝土合格证。

（4）混凝土强度及试件取样留置，必须符合设计要求和现行有关标准的规定。

（5）混凝土运输、浇筑及间歇的全部时间不应超过混凝土的初凝时间，同一施工段的混凝土应连续浇筑，并应在底层混凝土初凝之前将上一层混凝土浇筑完毕。当底层混凝土初凝后浇筑上一层混凝土时，应按施工技术方案中对施工缝的要求进行处理。

（6）在采用插入式振捣时，混凝土分层浇筑时应注意振捣器的有效振捣深度。捣固时间应控制在 25～40s，应使混凝土表面呈现浮浆和不再沉落。

（7）混凝土养护应符合施工技术方案和 GB 50666—2015《混凝土结构工程施工规范》的规定。

8. 拆模

（1）模板拆除时，可采取先支的后拆、后支的先拆，先拆非承重模板、后拆承重模板的顺序，并应从上而下进行拆除。

（2）当混凝土强度达到设计要求时，方可拆除底模及支架；当设计无具体要求时，同条件养护试件的混凝土抗压强度应符合表 5-22 的规定。

表 5-22　　　　　　　　底模拆除时的混凝土强度要求

构件类型	构件跨度（m）	按达到设计混凝土强度等级值的百分率计（%）
板	≤2	≥50
	>2，≤8	≥75
	>8	≥100
梁、拱、壳	≤8	≥75
	>8	≥100
悬臂结构		≥100

（3）当混凝土强度能保证其表面及棱角不受损伤时，方可拆除侧模。

（4）拆下的模板及支架杆件不得抛扔，应分散堆放在指定地点，并应及时清运。

（5）模板拆除后，应将其表面清理干净，对变形和损伤部位应进行修复。

9. 电缆支架安装

（1）钢材应平直，无明显扭曲。下料误差应在 5mm 范围内，切口应无卷边、毛刺。

（2）支架应焊接牢固，无显著变形。各横撑间的垂直净距与设计偏差不应大于 5mm。

（3）金属电缆支架必须进行防腐处理。位于湿热、盐雾以及有化学腐蚀地区时，应根据设计作特殊的防腐处理。

（4）电缆支架的层间允许最小距离，当设计无规定时，可采用表 5-23 的规定。但层间净距不应小于两倍电缆外径加 10mm，35kV 及以上高压电缆不应小于 2 倍电缆外径加 50mm。

表 5-23　　　　　　　　电缆支架的层间距离规定

电缆类型和敷设特征		支（吊）架	桥架
电力电缆	110kV 及以上，每层多于 1 根	300	350
	110kV 及以上，每层 1 根	250	300

（5）电缆支架应安装牢固，横平竖直；托架支吊架的固定方式应按设计要求进行。各支架的同层横挡应在同一水平面上，其高低偏差不应大于 5mm。托架支吊架沿桥架走向左右的偏差不应大于 10mm。

10. 回填监理

（1）土方回填应符合 GB 50202—2016《建筑地基基础工程施工质量验收规范》的有关规定。

（2）回填前，在排管本体上部铺设防止外力损坏的警示带后再分层夯实（按设计要求压实度）回填至地面修复高度。

（3）对管群两侧的回填应严格按照均匀、同步进行的原则回填。

（4）清理施工场地，应恢复地貌符合环保规定。

5.5.6　环保、安全风险管控监理控制要点

（1）环保、水保监理控制要点。

1）施工中取土、弃土、排污等需按照业主与环保部门签订的有关协议和要求进行处理。

2）土方运输经过正式道路时，汽车要加高挡板，确保不掉渣，不污染。

3）施工中噪声较大的避免在夜间施工，不能避免的噪声应通过有效的管理和技术手段将其控制在最低限制内。昼间不应超过 70dB（A），夜间不应超过 55dB（A），噪声测量方法应符合 GB 12523—2011《建筑施工场界环境噪声排放标准》的规定。

4）混凝土浇筑前仔细计算混凝土用量，防止混凝土发生剩余，如有剩余先进行协调使用，然后将剩余混凝土集中处理，混凝土残渣统一收回，集中处理，禁止乱扔乱弃。

5）设置专用沉淀池，混凝土浇筑结束后，罐车刷车及地泵刷车污水集中排入沉淀池，禁止乱倒，造成土壤污染及土方污染。

（2）施工安全监理控制要点。

1）当使用机械挖槽时，指挥人员应在机械臂工作半径以外，并应设专人监护。人工挖土时，应根据土质及电缆沟深度放坡，电缆沟基槽两侧设排水沟或集水井，开挖过程中或敞露期间应防止沟壁塌方。

2）挖方作业时，相邻人员应保持一定间距，防止相互磕碰，所用工具应完整、牢固。挖出的土应堆放在距坑边 0.8m 以外，其高度不得超过 1.5m。

3）沟槽边应设提示遮栏和警示牌，防止人员不慎坠入。

4）孔洞及沟道临时盖板使用 4～5mm 厚花纹钢板（或其他强度满足要求的材料，盖板强度 10kPa）制作并涂以黑黄相间的警告标志和禁止挪用标识。盖板下

方适当位置（不少于 4 处）设置限位块，以防止盖板移动。盖板边缘应大于孔洞（沟道）边缘 100mm，并紧贴地面。

5）孔洞及沟道临时盖板因工作需要揭开时，孔洞（沟道）四周应设置安全围栏和警告牌，根据需要增设夜间警告灯，工作结束应立即恢复。

6）模板加固过程中，支点加固牢固、可靠，所用的木方无裂痕、腐朽，所有钉头均砸平，防止人员刮伤。

7）混凝土振捣施工作业人员应穿绝缘鞋、戴绝缘手套，不得将开启的振捣器放在模板或支撑上。

5.6　水平定向钻工程监理

5.6.1　水平定向钻工程监理特点

（1）采用水平定向钻机穿越，对周围环境没有影响，不破坏地貌和环境，适应环保的各项要求。在施工路径周围有重要建构筑物时宜采用水平定向钻。

（2）施工中易发生理论轨迹与实际轨迹存在偏差情况，监理管控难度较大，可建议业主请第三方对轨迹进行监测。

（3）多重管同时回拖易出现相序扭转，监理工作中要考虑调相工作。

（4）拉管回拖作业对拉管接头质量要求较高，回拖作业前须进行力学检测。

（5）管材与回扩孔之间的空隙处理，不能像开槽敷设施工那样进行回填夯实，须对注浆配比及密实度加强检查。

5.6.2　监理依据

水平定向钻工程监理依据见表 5-24。

表 5-24　　　　　　　本节所引用的相关规程、规范名称及编号

序号	规范名称	编号
1	给水排水管道工程施工及验收规范	GB 50268—2008
2	水平定向钻机安全操作规程	GB 20904—2007
3	油气长输管道工程施工及验收规范	GB 50369—2014
4	油气输送管道穿越工程施工规范	GB 50424—2015
5	定向钻穿越管道外涂层技术规范	Q/SY 1477—2012
6	水平定向钻法管道穿越工程技术规程	CECS 382—2014
7	埋地式高压电力电缆用氯化聚氯乙烯（PVC-C）套管	QB/T 2479—2005
8	电力电缆用导管技术条件	DL/T 802—2007

1. 水平定向钻施工强制性条文规定

《水平定向钻机安全操作规程》（GB 20904—2007）：

3.1 操作人员应经过专门的培训，熟悉并掌握所操作水平定向钻机及配套设备的性能、构造、使用和维护保养的方法，培训合格后方可操作。

3.4 在施工过程中，操作人员应穿绝缘鞋，佩戴安全帽、绝缘手套等安全用品。

3.12 摩擦焊接的钻杆，需不定期地对钻杆的焊接处进行探伤检查。

3.13 为了保证钻杆在施工过程中的安全可靠，钻杆出现下列情况之一时应报废：

　　a）钻杆表面的磨损量超过钻杆壁厚的 15％时；

　　b）钻杆的局部弯曲在每 500mm 的长度范围内，弯曲变形超过 5mm 时；

　　c）对摩擦焊接的钻杆，在摩擦焊接处有任何缺陷时。

3.17 按使用说明书安装好接地保护装置。

2. 水平定向钻施工安全管理规定

（1）作业前的安全准备。

1）应督促检查施工单位勘查沿铺设管线水平方向管线长度两端以外至少各 100m，垂直管线方向两边至少各 300m 范围内的各种地下管线和设施，如：污水管、自来水管、高压电缆、通信电缆、光缆、煤气管线及人防工程等。这些地下管线和设施的资料可根据相关部门的档案和现场的原有标志情况与管线单位共同进行现场确认，并应用仪器对其进一步探测验证，必要时需要对局部进行开挖验证。将所有地下管线和设施的位置和走向都标注在施工的剖面图和平面图上，且在实地做好标记。

2）应查询有关地质资料，了解地层土质的种类，检测土层的间隙度、含水性、透水性、地下水位、基岩的深度、含沙和砾石的情况，并将勘查结果标注在施工剖面图上。

3）如有穿越河流时，需要督促施工单位了解河流周围的地形地貌以及水流的缓急情况、河床底部的形状等。

4）检查设计导向孔时，应避开公用设施，并且要充分考虑钻进导向孔和回拖扩孔施工过程中对原有管线的安全距离和钻杆的最小弯曲半径，确保施工的安全。

5）设计的导向孔轨迹须得到其相关主管部门的同意。

6）检查钻具的水、气路是否通畅。

7）按使用说明书的规定检查液压系统，液压胶管不应有破损。

8）查电气线路的各线端是否有松动，电器元件是否有损坏。

9）检查各种仪表显示是否正常。

10）检查是否标定定向系统。

11）检查急停开关工作是否正常。

12）检查分动器转动是否正常。

13）检查辅助系统工作是否正常。

（2）作业中的安全操作。

1）钻杆旋转时，任何人员不应接触钻杆。

2）钻进过程中推进或旋转压力突变时，应立即停机分析和查明原因。

3）遇探棒无信号、信号不变、信号突变、水和气不通畅等情况时，应要求立即停机分析和查明原因。

4）检查每钻进 1m 距离时，对钻头定位测量一次。

5）检查摆动钻进时，应小角度对称摆动。摆动推进过程中钻杆有松动现象时，应正转数圈后再继续摆动推进。

6）钻头接近放管坑时，应缓慢推进，并逐渐减少水、气的排量。

7）回拖扩孔过程中，要保证孔中有适量的钻进液。

8）回拖扩孔过程中遇异常情况，如卡钻、水气路堵塞、旋转和回拖压力突变、地面和构筑物出现变化时，应立即停机检查分析，必要时开挖检查。

9）扩孔和铺管过程中，主机操作人员在没有得到操作指令时，不能操作水平定向钻机。

10）完成导向孔的钻进后，督促施工单位及时清洗钻头和探棒，并将探棒内电池取出，将导向仪器归箱保存。

（3）作业后的安全操作。

1）作业完成后，督促施工单位对钻具进行常规检查，检查内容主要包括：

① 回扩头焊缝是否有裂缝；

② 分动器连接销轴及开口销是否磨损及裂纹；

③ 回扩头喷嘴是否堵塞；

④ 钻具螺纹是否有滑丝、磨损；

⑤ 回扩头是否有明显变形。

2）督促施工单位认真做好水平定向钻孔机的使用、维修、保养和交接班的记录工作。

3）水平定向钻孔长期停用时，应采取防雨措施。

5.6.3　水平定向钻施工工作流程

水平定向钻施工工作流程如图 5-17 所示。

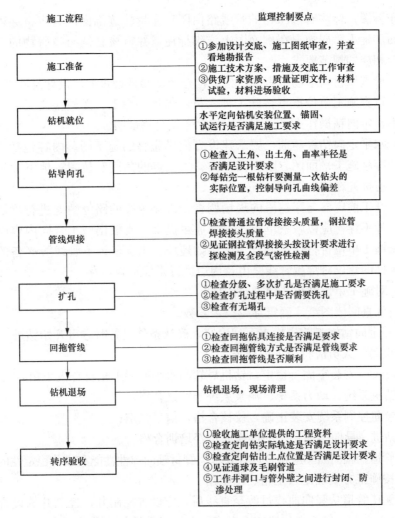

施工流程　　　　　　　　　　　　　　监理控制要点

施工准备
①参加设计交底、施工图纸审查，并查看地勘报告
②施工技术方案、措施及交底工作审查
③供货厂家资质、质量证明文件，材料试验，材料进场验收

钻机就位
水平定向钻机安装位置、锚固、试运行是否满足施工要求

钻导向孔
①检查入土角、出土角、曲率半径是否满足设计要求
②每钻完一根钻杆要测量一次钻头的实际位置，控制导向孔曲线偏差

管线焊接
①检查普通拉管熔接接头质量，钢拉管焊接接头质量
②见证钢拉管焊接接头按设计要求进行探检测及全段气密性检测

扩孔
①检查分级、多次扩孔是否满足施工要求
②检查扩孔过程中是否需要洗孔
③检查有无塌孔

回拖管线
①检查回拖钻具连接是否满足要求
②检查回拖管线方式是否满足管线要求
③检查回拖管线是否顺利

钻机退场
钻机退场，现场清理

转序验收
①验收施工单位提供的工程资料
②检查定向钻实际轨迹是否满足设计要求
③检查定向钻出土点位置是否满足设计要求
④见证通球及毛刷管道
⑤工作井洞口与管外壁之间进行封闭、防渗处理

图 5-17　水平定向钻工程施工监理工作流程图

5.6.4　施工准备阶段监理工作要点

（1）查看地勘报告，确认定向钻作业穿越土层。

（2）审查施工单位资质，承担穿越施工的企业，应具有国家或行业主管部门认定的施工企业资质。

（3）审查施工组织设计，审查编审批人员应为承包单位人员，并有承包单位公章。审查具体施工方法（含导向轨迹图）、场地布置、质量和进度计划、管段长度、人员配备、主要材料、机械设备以及安全措施等内容。一般应有"三图"：施工平面布置图；标注有参照物的管线路由图；穿越轨迹剖面图。应将穿越管段路由的地面和地下障碍情况在剖面图上详细标注，并审核管位与障碍物的安全间距是否符合相应的规范要求。

（4）检查原材料进场报审及送检，检查计量器具是否满足设计与施工要求。

（5）审查施工单位报审特殊工种人员，包括：焊工、无损检测等应有相应的资格证书，定向钻操作人员应有上岗培训考核合格证明。

（6）水平定向钻穿越前，要求建设方提供完整的施工图。内容包括：设计说明，管道穿越施工平面图、断面图；出、入土点的角度和位置；地下障碍物的位置、埋深应标注在施工图上。

（7）开工前应参与穿越段的现场调查，对穿越段的路障情况进行确认。若无设计或设计不详，应以联系单形式提请业主提供，或根据施工合同内容以通知单形式要求施工单位自行认真调查清楚诸如地址、水文、地下管线等必备的基本资料，有条件的建议对穿越管线路由及周边进行摄像资料留存。

（8）对施工单位钻机选择进行确认。

（9）认真阅读图纸，确定穿越技术参数。

（10）定向钻施工前应检查下列内容，确认条件具备时方可开始钻进。

1）设备、人员应符合下列要求：

① 设备应安装牢固、稳定，钻机导轨与水平面的夹角符合入土角要求；

② 钻机系统、动力系统、泥浆系统等调试合格；

③ 导向控制系统安装正确，校核合格，信号稳定；

④ 钻进、导向探测系统的操作人员经培训合格。

2）管道的轴向曲率应符合设计要求、管材轴向弹性性能和成孔稳定性的要求。

3）按施工方案确定入土角、出土角。

4）无压管道从竖向曲线过渡至直线后，应设置控制井；控制井的设置应结合检查井、入土点、出土点位置综合考虑，并在导向孔钻进前施工完成。

5）进、出控制井洞口范围的土体应稳固。

6）回拖管节的地面布置：

① 待回拖管节应布置在出土点一侧，沿管道轴线方向组对连接；

② 布管场地应满足管节拼接长度要求；

③ 管节的组对拼接、钢管的防腐层施工、钢管接口焊接无损检验应符合本规范的相关规定和设计要求；

④ 管节回拖前预气压试验应合格。

7）应根据工程具体情况选择导向探测系统。

5.6.5　施工阶段监理质量控制要点

1. 钻机就位

（1）回拖拉力和钻机选择根据设计要求的拉力值（若无设计要求，应要求施工单位核算，并列出计算式）核查所使用的钻机能力是否与工程要求相符。一般宜大不宜小。普通拉管穿越施工时回拖拉力不得大于管材屈服拉伸应力的 50%；拖拉长度不宜超过 300m。

（2）检查施工现场规划，设备进场就位情况。

（3）检查钻机是否安装在穿越中心线上，锚固件应安装牢固，地锚抗拉能力应满足钻机最大拉力要求。

（4）有线控向系统的调校地点应选在不受磁场干扰的区域。调校时探头在同一位置宜多次测量，并应取多次测量值的算数平均值作为方位角基准值。

（5）设备安装完成后应进行整体试运转。

（6）在条件具备的情况下，应使用人工磁场。

2. 钻导向孔

（1）出入土角宜控制在入土角为 8°～20°，出土角 4°～12°。

（2）曲率半径是定向钻穿越的重要参数，为保证管段有足够的强度安全裕量，应按规范要求不宜小于 1500D，且不得小于 1200D。水平定向钻导向轨迹参数见表 5-25。

表 5-25　　　　　　　　水平定向钻导向孔轨迹参数

管材类型	入土角（°）	出土角（°）	曲率半径		
			$D<400mm$	$400mm \leqslant D<800mm$	$D \geqslant 800mm$
塑料管	8～30	4～20	不应小于 1200 倍钻杆外径	不应小于 250D	不应小于 300D
钢管	8～18	4～21	宜大于 1500D，且不应小于 1200D		

注　D 为管材外径。

（3）对入土点基坑进行检查，是否满足设计要求。

（4）在管道入土端和出土端外侧各预留不宜少于 10m 的直管段。

（5）督促施工单位认真按已经审定的平面图中的导向轨迹进行测量放线：应要求施工单位在地面上做出轨迹线标记（撒石灰粉线、喷涂红漆或插标志杆）。穿越河流段，如河面较窄时可在河两侧插标志杆，水面较宽时，可在水面上每隔30～50m 加设一个浮标。监理应核对有无偏离设计路由。

（6）在正式开钻前，应督促操作人员按导向仪说明要求在地面上直观地校准控向系统的探棒向导向仪发出的钻头深度（即地面上的直线距离）、倾角（斜率）

和导向铲面向角数据信息是否准确。

（7）检查泥浆配比符合设计及规范要求。

（8）控向操作应由经过培训合格的人员操作，控向系统的功能应满足工程的需要。

（9）跟踪检查控向操作情况。责成导向人员将每次在地面检测出的导向数据如实记录，并与设计路由核对。发现偏离设计轨迹应及时调整，以控制导向孔实际曲线与设计穿越曲线的偏差在规范允许范围内。每钻完一根钻杆要测量一次钻头的实际位置，以便及时调整钻头的钻进方向，保证所完成的导向孔曲线符合设计要求。

（10）导向孔实际曲线与设计穿越曲线的偏差不应大于 1%，且偏差应符合表 5-26 的规定。

表 5-26　　　　　　　　　　　　导向孔允许偏差　　　　　　　　　　　　（m）

导线孔曲线		出土点	
横向偏差	上下偏差	横向偏差	纵向偏差
±3	$+1$ -2	±3	$+9$ -3

（11）管道穿越曲线，导向孔穿越长度应按图 5-18 及下列公式计算。

$$L = L_1 + A_1 + L_2 + A_3 + L_3$$

$$A_1 = \pi R\beta/180$$

$$A_2 = \pi R\alpha/180$$

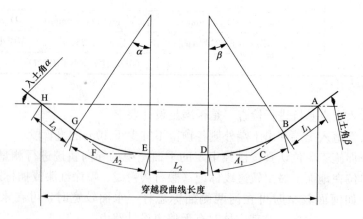

图 5-18　管道穿越段曲线示意图

A、B、D、E、G、H—各节点；C、F—曲线段两端切线交点

式中　L——穿越管段曲线长度，m；

$\quad\quad L_1$——出土端直线段长度，m；

$\quad\quad R$——曲率半径，m；

$\quad\quad \beta$——出土角，°；

$\quad\quad A_1$——出土端曲线段长度，m；

$\quad\quad L_2$——底部直线段的长度，m；

$\quad\quad \alpha$——入土角，°；

$\quad\quad A_2$——入土端曲线段的长度，m；

$\quad\quad L_3$——入土端直线段的长度，m。

（12）泥浆应符合下列规定：

1）泥浆配方应根据地质条件，在泥浆实验室试配并确定。

2）应根据地质情况和钻进工艺，调整泥浆配方和泥浆性能。

3）泥浆性能可按表 5-27 的规定选择。

表 5-27　　　　　　　　　泥　浆　性　能

泥浆性能	地层类型				
	松散粉砂、细砂及粉土层	密实粉砂、细砂层和砂岩、泥页岩层	花岗岩等坚硬岩石层	中砂、粗砂、卵砾石及砾岩、破碎岩层	黏性土和活性软泥岩层
马氏漏斗黏度（s）	60～90	40～60	40～80	80～120	35～50
塑性黏度 PV（MPa·s）	12～15	8～12	8～12	15～25	6～12
动切力 YP（Pa）	>10	5～10	5～8	>10	3～6
表观黏度 AV（MPa·s）	15～25	12～20	8～25	20～40	6～12
静切力 G_{10s}/G_{10min}（Pa）	5～10/15～20	3～8/6～12	2～6/5～10	5～10/15～20	2～5/3～8
滤失量（mL）	8～12	8～12	10～20	8～12	8～12
pH	9.5～11.5	9.5～11.5	9～11	9.5～11.5	9～11

3. 管线焊接

（1）管线预制场地宜与入土点、出土点成一直线。穿越管线的预制场地的长度宜为设计水平长度加 20m，宽度应符合 GB 50369—2014《油气长输管道工程施工规范》的有关规定。

（2）若因场地限制预制管线不能直线布置，应在出土点保持不少于 100m 的直管段，方可采取弹性敷设。

（3）检查产品管线合格证，材料、内径、外径、壁厚是否满足设计要求。

（4）检查参加工程施工的所有焊工在工程开工前，必须通过焊工考试，并取得上岗证，获得相应的焊工资格后方能持证上岗操作。

（5）焊条、焊丝符合设计要求，在保管时应符合产品说明书的规定，并避免损坏包装，包装开启后应保护其不致变质。药皮焊条应避免受潮。凡有损坏或变质应摒弃不用。

（6）检查对口间隙、错边量及螺旋焊缝错开量是否符合标准的规定。焊接处是否经过清理，无油污、泥土等杂物。

（7）管口预热时，必须选择配备合适火焰加热器加温，预热宽度为坡口两侧各50mm，严格控制预热温度。预热时注意应不要损坏管线的防腐层。

（8）使用内对口器时，根焊焊完后方可撤离，若使用外对口器，则根焊至少焊完50％后才能撤离。

（9）检查每一层焊道有无表面缺陷。不得有裂纹、气孔、咬边和夹渣等缺陷，并且与母材和相邻焊道熔合良好。每一层焊完后都要清渣，除去药皮。

（10）当出现不适合焊接的天气时，在不采取措施的情况下应停止施焊。在风沙天气，应使用防风棚，确保焊接质量。

（11）应检查并确保所有焊口均被标记，以保证对所有焊缝均能记录并可追踪，标记的格式和位置符合规范规定，不允许使用金属冲模标记。

（12）焊道表面应成型良好，管口和焊道表面应无飞溅、裂纹、焊疤、气孔和夹渣等缺陷。

（13）检查管线内部是否存在焊缝、毛边、螺旋焊缝等造成内径变动的情况。

（14）钢管焊接执行设计图纸的焊接要求。

（15）钢管焊接执行设计图纸对焊缝提出的检测要求，如设计图纸没有对管线焊缝检测提出具体要求，应按 GB/T 12605—2008《无损检测 金属管道熔化焊环向对接接头射线照相检测方法》进行检测：

1）内透法：

① 中心全周透照法：射线源置于管道的中心，胶片放置在管道环缝外表面上，并与之贴紧。

② 偏心透照法：射线源置于管道中心以外的位置上，胶片放置在管道外表面相应环缝的区域上，并与之贴紧。

2）外透法：

① 单壁外透法：射线源置于管道外，胶片放置在离射线源最近一侧管内壁相应焊缝的区域上，并与焊缝贴紧。

② 双壁单影法：射线源置于管道外，胶片放置在远离射线源一侧的管外表面相应焊缝的区域上，并与焊缝贴紧。

③ 双壁双影法：a. 椭圆成像，射线源置于管道外，且使射线的透照方向与环形焊缝平面成适当的夹角，使上下两焊缝在底片上的影像呈椭圆形显示，胶片放置在远离射线源一侧的管道外表面相应焊缝的区域上，并与焊缝贴紧；b. 重叠成像，射线源置于管道外，使射线垂直于焊缝，胶片放置在远离射线源一侧的管道外表面相应焊缝的区域上，并与焊缝贴紧；c. 小径管双壁双影透照，小径管采用双壁双影透照，当同时满足 T（壁厚）$\leqslant 8$mm 及 g（焊缝宽度）$\leqslant D_0/4$ 可采用椭圆成像方法透照，采用椭圆成像时，应控制影像的开口宽度（上下焊缝投影最大间距）在一倍焊缝宽度左右，不满足上述条件、椭圆成像有困难及对检查根部未焊透有特别要求时应采用垂直透照方式重叠成像。

（16）普通拉管热熔焊接时禁止将 SDR 不同的管材进行焊接，普通拉管热熔焊接翻边宽度值不应超过平局值的 ± 20mm，普通拉管焊接后应保证足够的冷却时间，必要时对焊缝进行涂包保护。

（17）普通拉管焊接执行设计图纸对焊缝提出的具体要求，如设计图纸没有对普通拉管焊接提出具体要求应按 CJJ 63—2008《聚乙烯燃气管道技术规程》中的规定执行：

1）连接完成后，应对接头进行 100% 的翻边对称性、接头对正性检验和不少于 10% 的翻边切除检验。

2）翻边对称性检验。接头应具有沿管材整个圆周平滑对称的翻边，翻边最低处的深度不应低于管材表面。

3）接头对正性检验。焊缝两侧紧邻翻边的外圆周的任何一处错变量不应超过管材壁厚的 10%。

4）翻边切除检验。应使用专用工具，在不损伤管材和接头的情况下，切除外部的焊接翻边。翻边切除检验应符合下列要求：

① 翻边应是实心圆滑的，根部较宽。

② 翻边下侧不应有杂质、小孔、扭曲和损坏。

③ 每隔 50mm 进行 180℃ 的背弯试验，不应有开裂、裂缝，接缝处不得露出熔合线。

5）当抽样检验的焊缝全部合格时，则此次抽样所代表的该批焊缝应认为全部合格；若出现与上述条款要求不符合的情况，则判定本焊缝不合格，并应按下列规定加倍抽样检验：

① 每出现一道不合格焊缝，则应加倍抽检该焊工所焊的同一批焊缝，按本规程进行检验。

② 如第二次抽检仍出现不合格焊缝，则应对该焊工所焊的同批全部焊缝进行检验。

（18）钢管焊接后应按设计图纸对焊缝进行防腐处理。

（19）管线焊接后应进行强度压力试验。

（20）试压用的压力表在使用前应经监理审查同意的法定计量部门进行检定，并在有效期内使用。

（21）气密性试验试压时间和压降符合规范规定，时间宜为 24 小时，试验介质宜使用空气，试验压力为设计压力。

（22）试压期间应随时观察压力变化，如发现泄漏，应立即停止试压，并在泄压后，查找漏点，对漏点进行修复后再重新试压。

（23）见证管线通球及毛刷通管试验，确保管线通畅无异物。

4. 扩孔

（1）最终扩孔直径应根据管径、穿越长度、地质条件和钻机能力确定，一般情况下，最小扩孔直径与穿越管径的关系应符合表 5-28 规定。

表 5-28　　　　　　　　　最小扩孔直径与穿越管径关系表

穿越管线的直径（mm）	最小扩孔直径
＜219	管径＋100mm
219～610	1.5 倍管径
＞610	管径＋300mm

注　管径小于 400mm 的管线，在钻机能力许可的情况下，可直接扩孔回拖。

（2）钻出的孔往往小于回拖管线的直径，为了使钻出的孔径达到回拖管线直径的 1.2～1.5 倍，用扩孔器从出土点开始向入土点将导向孔扩大至要求的直径，扩孔宜采取分级、多次扩孔的方式进行；在地层条件及辅助设备允许的情况下，可减少扩孔级次。

（3）扩孔过程中，如发现扭矩、拉力较大，可采取洗孔作业；应在洗孔结束后，再继续进行扩孔；扩孔结束后，如发现扭矩、拉力仍较大，可再进行洗孔作业。

5. 管线回拖

（1）管线回拖时，如管径大于 1016mm 宜采用浮力控制措施。

（2）当采用发送沟方式时，在回拖前应将穿越管段放入发送沟，发送沟应根据地形、出土角确定开挖深度和宽度。一般情况下，发送沟的下底宽度宜比穿越管径大 500mm；管道发送沟内应注水，管径内最小注水深度宜超过穿越管径的 1/3；应采取支架或吊起等措施，使管道入土角与实际钻杆出土角一致。

（3）穿越管段回拖时的拉力计算：

$$F_P = Lf\left|\pi\frac{D^2}{4}\gamma_m - \pi\frac{\delta_1}{4}(2D-\delta_1)\lambda_s - W_b\right| + k_v\pi DL$$

式中　F_P——计算拉力，kN；

L——穿越管段曲线长度，m；

f——摩擦系数，取 0.3；

D——管道直径，m；

γ_m——泥浆重量，取 11.5，kN/m³；

δ_1——管道壁厚，m；

λ_s——钢材重度，取 78.5，kN/m³；

W_b——定向钻回拖过程中单位长度配重，kN/m；

k_v——黏滞系数，取 0.175，kN·s/m²。

（4）当采用发送道或托管架方式时，应根据穿越管段的长度和重量确定托管架的跨度和数目；托管架的高度、强度、刚度和稳定性应满足要求。

（5）回拖钻具连接的顺序宜为：钻机→钻杆→扩孔器→旋转接头→U 形环→拖拉头→穿越管线。

（6）产品管线在回拖过程中是不旋转的，由于扩好的孔中充满泥浆，所以产品管线在扩好的孔中处于悬浮状态，管壁四周与孔洞之间由泥浆润滑，这样既减少了回拖阻力，又保护了管线防腐层，经过钻机多次预扩孔，最终成孔直径一般比管子直径大，所以不会损伤防腐层。

（7）回拖时宜连续作业。特殊情况下，停止回拖时间不宜超过 4h。

（8）泥浆配方应根据地质条件，在泥浆实验室试配并确定。

（9）应根据地质情况和钻进工艺，调整泥浆配方和泥浆性能。

（10）在整个施工过程中，泥浆宜回收、处理和循环使用。

6. 钻机退场

（1）施工完毕将水平定向钻机及时清运出场。

（2）施工单位按要求回填工作坑并清理现场，不得污染环境。

7. 转序验收

（1）工程完工后由施工单位进行自检，自检合格后由专业测量单位测定已铺设管线的位置，做出管线竣工测量图。

（2）施工单位及时收集并报审相关工程资料，监理单位对工程资料进行审查。

（3）工程资料应包括以下内容：

1）工程规划许可证。

2）相关部门批件。

3）工程施工许可证。

4）工程设计图纸。

5）工程测绘报告。

6）工程探测报告。

7）工程施工组织设计。

8）钻进记录。

9）扩孔记录。

10）拉管记录。

11）焊缝检测记录。

12）竣工测量图等。

（4）检查定向钻实际轨迹是否满足设计要求。

（5）检查定向钻出土点位置是否满足设计要求。

（6）见证管线通球及毛刷通管试验，确保管线通畅无异物。

（7）检查工作井洞口与管外壁之间进行封闭、防渗处理。

5.6.6 环保、安全风险管控监理控制要点

1. 环保管控

（1）穿越施工方案中必须包含有现场安全、环保、健康等文明施工的技术措施及现场安全监管系统和人员。

（2）施工期间应保持施工现场道路畅通、排水系统良好、场地容貌整洁、黄土不露天和垃圾清运及时。

（3）材料码放应做到整齐稳妥，不影响设备、公共事业地面设施和自身的工程排水。

（4）施工人员应文明施工，禁止对周围环境造成污染和破坏。

（5）施工期间专（兼）职安全监督员对工程施工期间进行环境管理，其管理的内容主要是根据上级有关环保管理规定和施工项目特点制定的环境保护措施，并对作业现场实施监督检查。

（6）严格控制施工作业带的宽度，禁止超占、多占地，施工机具必须在作业带内和施工便道内行走。

（7）任何时候禁止堵塞当地已有的排水沟或路边沟，保障畅通。

（8）施工过程产生的废弃物随时清理回收，做到工完、料净、场地清。

（9）施工作业中的焊条头、废砂轮片、废钢丝绳和包装物等每天进行回收，统一送回项目部集中处理。

（10）施工期间产生的工业污油，由专用回收装置专人送到项目部统一处理，禁止随意倾倒。

（11）施工中使用的油漆、化学溶剂及有毒有害物品，要妥善存放、保管，制定防止泄漏和污染的具体措施。

（12）在施工现场对管线进行防腐处理时产生的防腐材料废弃物回收处理，使其不任意散落在环境中。

（13）在施工期间使用的临时燃料油罐、燃料油运输车要制定安全储存和运输措施，防止燃料泄漏污染。

（14）禁止在河流中冲洗设备，污染河水。

（15）管道施工临时占地（如堆放管材、停放机具等），应尽量避免占用绿地、草场；施工便道尽量利用已有道路，固定行车路线。

（16）配制泥浆所需原材料必须符合环保要求，减少对环境的影响和赔偿费用的支出。为了保证施工区域的环境，泥浆回收装置的使用是十分必要的。泥浆净化回收装置安放在钻机场地，将泥浆进行三级处理加以循环再利用，降低泥浆材料消耗，从而减少环境影响。

（17）钻机场地与焊接场地的泥浆处理：

1）在钻机场地和焊机场地各挖一个排浆池，收集储存返回的泥浆，用泥浆回收装置将泥浆池中的泥浆回收再利用。

2）根据不同的地质情况和施工中的返浆情况，进行泥浆回收作业时要采取各种必要的措施，保证回收泥浆的质量，回收返回泥浆时分离出来的泥沙等要有专门的堆放场地。

3）在入、出土点以外有泥浆漏失时，先挖泥浆坑或围堰进行收集，穿越结束后拉运到当地环保部门指定的地方。

4）穿越施工钻孔、扩孔及回拖作业进行到鱼塘位置时，要控制泥浆的压力，避免因压力大造成泥浆漏失到鱼塘内。

（18）管道施工通过林区时，砍伐林木前需报当地林业行政主管部门批准后方能采伐。清理时尽可能降低砍伐数量，不能损坏作业带以外的树木、草地。作业带外被不慎砍伤的树木，要采取补救措施。有条件的地方树木可以从地面切断，不要伤根，让它能重新萌芽生长。

（19）开挖管沟时，草场和林地的可耕土壤，将表层土壤与深层土壤分别堆放，回填时先回填深层土，然后回填表层土。

（20）如因工程施工需要，需回填或修筑施工便道取土的，应在当地有关部门规定的取土场取土，不得在规定范围以外任意取土。严禁在崩塌滑坡区和泥石流易发区取土、挖砂、采石。

（21）工程完工后，应按相关管理部门要求恢复现场，最大程度的恢复原有地貌。因工程施工对原有的水土保持工程、设施等造成毁坏的，应在施工结束后尽快进行恢复。

2. 安全风险管控

(1) 现场须对照经审批的施工方案，检查施工单位安全技术措施现场落实情况及安全监督人员是否到岗。发现存在质量和安全事故隐患的，应立即要求整改，情况危及安全时，要立即停止作业，并及时报告，同时尽可能以监理通知单形式要求整改和暂停施工，以充分留下监理切实履行了应尽职责的证据。

(2) 分析各工序的安全风险点，实现施工现场的安全管理与控制。针对定向钻施工现场特点，对现场安全风险进行识别并采取防范措施如下：

1) 设备进场钻机组装设备调试运行。

① 设备移动伤人造成的人员伤害：设备进场前设置警示带，严禁闲杂人等进入；设备、设施就位派专人指挥、监护；设备移动前鸣笛警示。

② 起重机进行回转、变幅、吊钩升降等动作造成人员伤害：检查吊、卡、索具安全完好，吊车支腿满伸、支撑稳固；起重吊装作业设专人指挥，旗语、信号清晰明确；起重机进行回转、变幅、吊钩升降等动作之前，应鸣笛警示；起重机械作业时，起重臂旋转半径内严禁有人停留、作业或通过；严禁用起重机载运人员；吊臂与架空线路保持安全距离；使用牵引绳稳定吊物；起吊重物应绑扎牢固，不得在重物上再堆放或悬挂散物件；标有起吊悬挂位置的物件，应按标明的位置悬挂起吊；吊索与重物棱角之间应加衬垫。

③ 钻杆滚落造成人员伤害：钻杆堆放区采取防滚落措施；严禁非工作人员进入现场；场地内钻杆倒运使用吊带。

④ 触电造成人员伤害：电缆绝缘良好，按要求架空或埋地，过路电缆加套管；做好用电设备的接零、接地、漏电保护；电工作业必须 2 人进行；电路开关闭合前，检查电器安装、电路维护、电路接线等作业，现场要有人监护，互相提醒；做好上锁挂签。

2) 泥浆配制。

① 粉尘危害人员健康：佩戴口罩；设置防风围挡设施。

② 吨袋吊运坠落、碰撞造成碰伤、砸伤：操作手按规程作业，在设备做动作前鸣笛；设备移动、回转时，人员不要在设备工作半径内停留。

③ 泥浆渗漏、外溢造成环境污染：泥浆池铺垫防渗膜，设置硬围护及警示标识；做好泥浆回收和处理。

④ 泥浆罐上登高作业坠落造成人员伤害：泥浆罐爬梯安装扶手、护栏完整牢固、连接踏板稳固；泥浆罐开口处设置警示标识，夜间作业照明充足。

3) 开钻（导向孔钻进、扩孔、洗孔）。

① 高压液压管爆裂造成人员伤害：定期对高压液压管路进行检查；老化的液

压管路及时进行更换；保证管路连接正确，连接牢固可靠；高压液压管路液压油及时进行补充。

②　配合不协调造成误操作造成人员伤害：保持通信联络畅通。

③　冒浆造成环境污染：控制好泥浆压力，优化工艺，充分利用泥浆处理装置，加大泥浆处理利用量。

④　地锚安装不牢固造成钻机倾覆、人员伤害：严格按照技术方案确定的钻机施工最大回脱力设计地锚箱结构尺寸和地锚安装要求；技术质量人员按照所确定地锚安装方案，严格监控安装过程。

⑤　夜间照明不足造成作业人员伤害、设备设施损坏：按照场区设备设施的布局，合理布置照明设施，保证照明充足。

⑥　油罐渗漏造成火灾、人员伤害、环境污染：油料存放区设置隔离带，与作业区域保持安全距离；油罐采用标准储油罐、罐底下方铺设防渗材料；现场严禁烟火，配备规格和数量满足要求的消防器材。

4）发送沟开挖、注水、管线下沟、回拖。

①　滚管造成人员伤害：管线下沟统一指挥，设置警示标识，专人监护巡视。

②　滚轮架倾覆造成人员伤害：滚轮架基础要平整密实，滚轮架就位保持同一轴线；吊装就位滚轮架时，鸣笛警示，现场设专人指挥；滚轮架间距布设合理。

5）地貌恢复。

①　机械伤害造成人员伤害：推土机、挖掘机作业时有专人指挥、监护、非相关人员远离设备作业区域；作业前操作手注意观察，移动设备前鸣笛警示。

②　泥浆坑处理不当造成环境污染：对废弃泥浆外运至地方有关部门指定地点集中进行处理，恢复地貌。

5.7　沉管电缆隧道工程监理

5.7.1　沉管电缆隧道工程监理特点

设计管道采用钢板卷制双面埋弧焊接，要求采用整管充水下沉方法埋设安装，其余水下部分管节按法兰连接，水上部分管节焊接连接。沉管电缆隧道建设监理工作有如下几个特点：

沉管电缆隧道具有施工简单、快捷、经济、安全的优点，两岸为河堤道路及植被丰富，沉管电缆隧道施工对周边环境影响较小。其缺点是：水下施工时，危险性较大。

5.7.2 监理依据

沉管电缆隧道工程监理依据见表5-29。

表5-29　　　　　　　本节所引用的相关规程、规范名称及编号

序号	规范名称	编号
1	混凝土结构工程施工质量验收规范	GB 50204—2015
2	混凝土结构工程施工规范	GB 50666—2011
3	地下铁路工程施工及验收规范	GB 50299—1999
4	地下工程防水技术规范	GB 50108—2008
5	地下防水工程质量验收规范	GB 50208—2011
6	给水排水管道工程施工及验收规范	GB 50268—2008
7	钢结构工程施工质量验收规范	GB 50205—2001

1. 沉管电缆隧道强制性条文规定

《地下铁路工程施工及验收规范》（GB 50299—1999）：

7.10.1　沉管施工应设双回路电源，并有可靠切断装置。照明线路电压在施工区域不得大于36V，成洞和施工区以外地段可用220V。

7.10.2　沉管施工范围内必须有足够照明。交通要道、工作面和设备集中处并应设置安全照明。

7.10.3　动力照明的配电箱应封闭严密，不得乱接电源，应设专人管理并经常检查、维修和养护。

7.10.4　沉管施工应采用机械通风。当主风机满足不了需要时，应设置局部通风系统。

7.10.5　沉管内通风应满足各施工作业面需要的最大风量，风量应按每人每分钟供应新鲜空气3m³计算，风速为0.12～0.25m/s。

2. 沉管电缆隧道施工安全管理规定

凡进入现场施工的作业人员，必须认真执行和遵守安全技术操作规程；各种机具设备、材料、构件、临时设施等，必须按照施工总平面图布置，保证现场道路和排水畅通；高压线路和防火措施，要遵照供电和公安消防部门的规定，设施应完备、可靠，使用方便；根据工程需要，施工现场应具有可靠的防护措施，以及各种安全设备和标志，确保安全作业。

吊装船的支撑点必须科学合理，符合受力及规范要求，并提供计算说明书。

险地段要划出临时禁界，并派专人监护；吊具必须牢固，严禁吊臂下站人，还须定期检查更换钢丝绳等。

进场施工人员必须戴好安全帽及穿救生衣。潜水员必须持证上岗，在下水前需进行安全交底，水下人员必须通过水下通信设备保持联络。

所有机械的传带部位，明齿轮、暗轴、皮带轮、飞轮都应设置防护网或罩，电动机械有保护接地或接零，各种起重设备根据需要配备安全限位、重量控制、联锁开关等安全装置。起重设备的指挥和司机及其他机具的操作人员应严格遵守操作规定，不得违章作业，机具设备要经常检查、保养和维护，保证其灵敏可靠。

现场施工用电严格执行 JGJ 46—2005《施工现场临时用电安全技术规程》，根据施工要求制定出具体的用电计划，并有临时用电平面布置图。

5.7.3　沉管电缆隧道施工监理工作流程

沉管电缆隧道施工监理工作流程如图 5-19 所示。

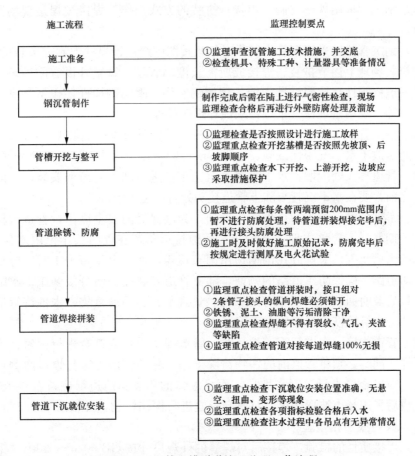

图 5-19　沉管电缆隧道施工监理工作流程

5.7.4　施工准备阶段监理工作要点

（1）审查沉管施工技术措施结合工程的实际情况是否正确。

（2）审查模板拆除的时间和顺序及安全措施，要求满足规范要求。

（3）审查沉管的制作、焊接的方案。

（4）审查水下混凝土浇筑方案等。

（5）检查施工现场的环境条件，在符合混凝土浇灌条件时签发混凝土浇灌通知单。

5.7.5　施工阶段监理质量控制要点

1. 钢沉管制作

（1）钢沉管采用现场卷制、焊接、拼装的方式制作。焊接过程是现场监理检查重点。

（2）钢沉管隧道采用钢管，制作时钢板按照图纸设计尺寸卷制成节长的管节，然后在拼装场地上逐节拼装、焊接成所需长度的管段；管壁外设有刚性环，每节管节设一道；刚性环按照设计图纸采用槽钢制作，附属钢构件还包括钢支座、钢制集水坑等。现场监理检查重点：刚性环焊接过程。

（3）钢沉管段拼装完成后，应在陆上进行气密性试验，合格后再进行外壁防腐处理及溜放下水。气密性试验、去除焊渣后做防腐处理是现场监理检查重点。

（4）管道接头处围堰，水下管道下沉结束，进行陆上管道的安装，在陆上管道施工之前，要在水下沉管与陆上管道接头处打一道围堰。

（5）考虑到管道施工期是堤防汛期前，为确保堤的安全度汛，管道沟槽开挖后不宜长期暴露，应该立即安装管道。管道接口预留在堤防长年汛限水位以上，开挖出的沟槽土方，应堆放在沟槽边用雨布覆盖，河堤上管道施工时，应尽量不堵塞堤防道路，确保防汛道路的畅通，陆上管道安装按堤防分段施工。水陆管道碰头连接后及时回填，恢复原有的绿化、景观平台；围堰草袋、木桩待管道实验合格后 6 天内拆除恢复河道原有面貌。

（6）管道焊接：在进行管道焊接时，管节焊条质量应符合现行国家标准，焊条应干燥。同时必须将管道内的污物清除干净，并将管口边缘与焊口两侧打磨干净，使其露出金属光泽，制作坡口，而且坡口的角度、钝边都应符合规范要求。焊接完成后采用超声波探伤仪，对所有焊缝进行探伤检测，并抽取不少于 10% 的焊缝进行 X 射线照相检验。

（7）焊接质量的检验，焊接后对焊缝的外观尺寸按 GB 50205—2001《钢结构结构施工质量验收规范》的规定进行外观检查；对于焊接后的每道管口接头进行检验。

2. 管槽开挖与整平

（1）根据设计图纸进行施工放样，并在两岸不受施工开挖影响的地方，分别设置 2～3 个控制点，确定其坐标、高程，作为今后测定隧道位置的基准。

（2）人工清理基槽开挖线以内的场地，应将地表的树木、杂草等清除干净；然后以先坡顶、后坡脚的顺序，采用反铲挖机开挖两岸坡面基槽至水面附近；再利用装载在平板驳船上的长臂反铲进行水下基槽开挖。

（3）水下部分的开挖。

1）施工放样、定位方法：管槽开挖前，监理应复核过河管道穿越河底轴线平面位置，两岸轴线上各埋设 3 个固定定位标点，并设置有明显岸上定位标志。水下管槽开挖时，在水面上每隔 40m 左右还另增加抛设一浮标显示中心线，以作为挖泥船清渣平面位置定位的依据，并在两岸各设置水尺一把（水尺零点标高要经常检测）作为各断面开挖标高的依据。在施工中，为保证管槽开挖的准确性，指定专人观测，采用经纬仪双交会法或全站仪进行挖泥船定位准确测量。

2）根据设计提供的现场管槽断面标高，采用浮船上座长臂挖机作用，配合运输船将弃土外运。

3）根据地质报告显示，未遇风化砂质岩，水下管槽按底宽 5m、杂填土及黏土层开挖边坡 1∶2、河床成积淤土边坡按 1∶2.5 进行开挖，为了保证管道下沉时安全翻转，上游开挖边坡应略大于设计边坡，开挖的渣土全部用船运至弃土场附近码头后抓斗装上陆运车，运至专用渣土场。

4）管槽整平：管槽开挖检测合格后，即可进行管槽整平，超深过大部位，先用漏斗或串筒抛卸砂卵石填平，凸出部分由潜水员水下用高压枪扫平或继续利用反铲抓除，槽底标高高差均控制在 ±10cm 以内。

3. 管道除锈、防腐

（1）防腐前，需要对管壁进行除锈处理，钢管的防腐处理在加工厂完成，验收合格后再运至现场安装，焊接部位的防腐处理在现场焊接完成后同步完成。

（2）管道内壁防腐处理应在电缆支架全部焊接完毕后进行。

（3）管道外壁防腐，设计采用"五油两布"加强防腐措施。

（4）为确保防腐质量，必须按规定做好如下工作：

1）每条管两端要求预留 200mm 范围内暂不进行防腐处理，待管道拼装焊接完毕后，再进行接头防腐处理。

2）施工时，还要提供完善的施工原始记录，防腐完毕后按规定进行测厚及电火花试验。

4. 管道焊接拼装

(1) 管道拼装时，必须严格按照技术规范要求进行坡口加工，坡口形式为"V"形，接口组对 2 条管子接头的纵向焊缝必须错开。

(2) 对接前应将焊接的坡面及管壁 200mm 范围内的铁锈、泥土、油脂等污垢清除干净。

(3) 在焊缝上，填缝金属组织应成颗粒状，外表呈整齐鱼鳞状，不得有裂纹、气孔、夹渣等缺陷。

(4) 管节端部外壁焊 3 层，在焊下一层前，必须清除上一层的焊渣和碎屑。

(5) 管道对接焊缝处采用钢制包箍加强焊接，包箍材料用 A3 钢板（$\delta =$ 12mm）卷管成型割制而成，包箍所覆盖的焊缝必须铲平，焊缝与外壁一样平整，焊接时必须错开对称焊接，以免管道变形，包箍位置按设计规定设起吊环，以备吊管下沉使用。

(6) 为确保管道焊接质量，管道对接每道焊缝按规定要求进行 100% 无损探伤检查，并按要求提供检查报告。

(7) 整条过河管道按设计要求焊接、拼装及全面防腐完毕，即在两端各设密封板，封板用 $\delta =14mm$ A3 钢制作。在封板上设进水管、排水管和阀门，然后进行气压气密试验，合格后，管道可浮运就位准备下一步充水下沉安装工序。

5. 管道浮运下沉、就位安装

(1) 管道充水下沉就位安装要求位置准确，无悬空、扭曲、变形等现象，管道整管充水下沉就位安装是管道穿越河底的关键施工工序，它是决定过河管道施工项目成败的最后工序。

(2) 沉管工艺的有关参数确定。管道整管充水安装工艺，合理布置吊点，根据吊点受力情况布置相应的起吊能力的船只，以使管道能够实现平稳、均衡下沉。

(3) 沉管施工。

1) 管道浮运就位：管道在岸上经过各项指标检验合格后拖溜入水面，将管道浮运到管槽轴线水面上，通过定位船把管道置于预定的位置上，然后按预先设计确定布置吊点位置，把起吊船只准确定位，船上用卷扬机、滑轮组、钢丝绳与管道吊环牢固连接。

2) 翻转后管道注水下沉。管道浮运至预定水面定位完毕，各项工作准备就绪，由现场指挥组总指挥长下达注水沉管指令，打开管道两端注水闸阀和排气阀，用的潜水泵从一端注水，在潜水泵出水管安装有水表，以方便注水计量。在注水过程中经常检查各吊点有无异常情况，各吊点应协调作业，在注水过程中视具体情况，可以每充 10～15t 水为一个阶段。每完成一个充水阶段，由总指挥长分别下达各吊点起吊或松缆具体尺寸指令，在此过程中各吊点管顶标高应根据不同时段的计算结果进行调整，力求使已下沉的各吊点的重力与设计各吊点吊力基本相等，以保证各吊点的吊环、吊缆不受破坏。此时接近全部充满后的管道轴线与基槽线相一致，若不一致，要进行必要的调整，然后才能充水继续下沉，直到整条管道全部按设计管槽轴线下沉就位为止。

3）回填。管道下沉入槽就位后，经潜水员在水下检查调平后，按要求在管顶浇筑水下混凝土，覆盖层厚度不小于 1.0m。水下混凝土采用 C20 素混凝土，浇筑时通过驳船及导管，将混凝土导到基槽底部，逐段、逐层进行浇筑。由于水下混凝土比重较大、流动性较好。因此，在浇筑水下砼前，应采用必要抗浮措施，防止钢沉管被水下砼顶上来，以免影响其抗浮稳定及结构安全。

4）河床的恢复、保护。钢沉管隧道在水下砼浇筑后，混凝土顶面距河床设计标高之间，仍存在 0.7～3.0m 的超挖沟槽，为避免水流冲刷、影响两岸河堤稳定，该沟槽拟采用抛填块石方式将其填高至河床设计标高。

5）两岸坡面上的沟槽，水下部分与河床处理方式相同，即抛填块石；水位交界处，先将块石人工理砌整齐，再铺设一层袋装碎石；水上部分：钢管下设 300mm 厚度素混凝土垫层，待钢管安装后，用黄粘土分层夯实、填筑至原坡面设计标高以下 0.25m 左右，再在表面设置 0.25m×0.25m 的条状混凝土分格条，分格间距 2m×2m，最后在各分格内填土并种植草皮进行护坡，具体方式可与河道管理处协商确定。

6）工程河段河床及岸坡保护范围为：隧道中心线上、下游各 25m、总长为 50m。

6. 陆上管道铺设

（1）管道接头处围堰，水下管道下沉结束，进行陆上管道的安装，在陆上管道施工之前，要在水下沉管与陆上管道接头处打一道围堰。

（2）考虑到管道施工期是堤防汛期前，为确保堤的安全度汛，管道沟槽开挖后不宜长期暴露，应该立即安装管道。管道接口预留在堤防长年汛限水位以上，开挖出的沟槽土方，应堆放在沟槽边用雨布覆盖，河堤上管道施工时，应尽量不堵塞堤防道路，确保防汛道路的畅通，陆上管道安装按堤防分段施工。水陆管道碰头连接后及时回填，恢复原有的绿化、景观平台；围堰草袋、木桩待管道实验合格后 6 天内拆除恢复河道原有面貌。

（3）管道焊接：在进行管道焊接时，管节焊条质量应符合现行国家标准，焊条应干燥。同时必须将管道内的污物清除干净，并将管口边缘与焊口两侧打磨干净，使其露出金属光泽，制作坡口，而且坡口的角度、钝边都应符合规范要求。焊接完成后采用超声波探伤仪，对所有焊缝进行探伤检测，并抽取不小于 10％的焊缝进行 X 射线照相检验。

（4）焊接质量的检验，焊接后对焊缝的外观尺寸按 GB 50205—2001《钢结构结构施工质量验收规范》的规定进行外观检查，对于焊接后的每道管口接头进行检验。

（5）管道试压。

1）根据本工程的特殊情况，管道试压分两次试压，一次是水下管道预制好后沉管回填前试压，另一次是管道全部安装完成后总试压。

2）浸泡时间：按照规范，钢管试压的浸泡时间为 24h。

3）再试压管段两端分别装设压力表，采用电动加压，试验管段端部的第一接口应采用柔性接口。

4）支设后背：预制管道试压，先把管道弯头处内角槽钢焊上，在弯头的外侧打钢桩支撑。

5）管道总试压前，管道安装应经监理检查合格，而且除了管口部位外，管身应该先覆一部分土，避免管道移动，并将沿线管件的支墩加固牢靠（如弯头、三通等）。在升压过程中，应随时检查后背、支墩、管身及接口有无异常现象，且管道两端严禁站人。当水压升至试验压力后，保持一段时间，检查管道与接口，当管身无破损及漏水现象时为满足要求。

6）管道冲洗。管道安装完成后，经监理工程师检验认可后方可进行冲洗工作，管道冲洗前应根据实际情况合理引水连续进行冲洗，直至出水口处的水与入水口处冲洗水浊度、色度相同为止，然后采用含量不低于 20mg/L 氯离子浓度的清洁水对管道浸泡 24h，然后再次冲洗，直至取样化验合格。

7. 工程验收

为保证工程质量，本工程共分 5 个阶段进行验收，内容为：

（1）管槽验收。管槽底宽度设计要求为 4.5m，管槽开挖完毕后，经用全站仪定位，超声波测探仪检测，潜水员水下检查槽底标高（控制在±10cm），验收合格后可进行管道的浮运和就位下沉。

（2）焊缝验收。管道所有的连接焊缝全部经 GTS—ZZ 型超声波探伤，验收合格后方可防腐。

（3）防腐验收。首先进行除锈验收，要求除锈后的管道表面光洁干净。完成防腐层后，由防腐涂料公司负责，用测厚仪测量其厚度。钢管的内壁防腐层厚度为 $24\mu m$ 以上，外壁为 $640\mu m$ 以上。同时用电火花检测仪对防腐层进行静电针孔检测，内壁标准为 3000V，外壁标准为 10000V。

（4）试压验收。管道的压力试验分两阶段进行。管道整体拼装后，在浮运之前进行水上气压试验，压力为 0.6MPa，恒压 30min 以上；在管道下沉就位后，覆盖砂石之前进行水压试验，试验压力 1.2MPa，恒压 10min 以上合格。

（5）覆盖验收。管道在水下进行水压试验合格后，按设计要求水下浇灌混凝土，覆盖厚度不小于 1.0m。用回声测探仪与潜水员水下检查相结合现场监理人员在现场重点检查，发现欠填或漏填的管段，立即补填。覆盖验收合格后，整个沉管工程验收完毕，之后在沉管内敷线。

5.7.6　环保、安全风险管控监理控制要点

1. 环境保护监理控制要点

（1）在水上、水下施工作业前要进行人员、作业环境因素风险识别及防范措施等策划，教育员工树立环保意识。

（2）工地废料、废机油等及时回收，严禁随地乱倒，油料对地面造成污染时应采取措施进行清理，对机械渗油、漏油部位采取修理或集中收集处理。

（3）降低施工噪声，控制噪声对环境的影响，满足 GB 12523—1990《建筑施工场界噪声限值》的要求。

（4）施工产生的施工垃圾，各班组必须及时清除并分类堆放，做到工完、料尽、场清，随时保持工地整齐清洁。

（5）施工现场设置废料桶，用于建筑废料、机械修理配件、生活垃圾等的储存，并由专人负责及时清理。

2. 安全风险监理控制要点

（1）根据施工组织要求，建立安全保证体系，明确岗位划分和安全责任，强化安全意识，落实安全目标，树立安全第一的思想，严格执行有关安全条例。

（2）开工前，由安全员组织对入场人员进行安全三级教育；由技术员配合安全员进行安全技术交底，未做交底不允许施工，特别是潜水员、船上施工作业人员。

（3）由项目专职安全员负责组织和采取各种形式对人、机、料、法、环等施工各环节开展全面安全检查活动，消除不安全因素，确保安全生产。

（4）施工人员中的电工、焊工、起重吊运指挥等特殊工种必须持有劳动部门签发的有效操作证件上岗，严禁无证、违章操作；施工机具中的电气设备必须具有符合安全要求的保护设施。

（5）施工现场的中、小型机械设备必须严格执行定机、定人、定岗位制度，由项目部有关人员进行验收合格后，挂牌使用。机械设备严禁超负荷及带病使用，在运行中严禁保养和修理。特别是潜水员、船上施工作业人员酒后、情绪不佳者也严禁进入施工现场。

第 6 章

电力电缆接地工程施工监理

6.1 电缆线路接地施工监理工作的特点

（1）根据不同的地质条件，电缆线路接地选择不同的接地材料，要求监理人员掌握不同接地材质下的监理控制措施。

（2）电缆接地是隐蔽工程，验收量大，监理人员要做好隐蔽工程的验收工作。

（3）不同电缆线路之间采用的接地方式不同，由于盾构、顶管等施工特点，其只要求通长扁铁两头分别接地，与电缆沟等不同。

6.2 监 理 依 据

电缆线路接地施工监理依据见表 6-1

表 6-1　　　　　本节所引用的主要相关规程、规范名称及编号

序号	规范名称	编号
1	电气装置安装工程电缆线路施工及验收规范	GB 50168—2006
2	电气装置安装工程接地装置施工及验收规范	GB 50169—2006
3	电气装置安装工程质量检验及评规程	DL/T 5161—2002
4	电气装置安装工程电气设备交接试验标准	GB 50150—2016

6.2.1 电缆接地施工强制性条文规定

《电气装置安装工程接地装置施工及验收规范》（GB 50169—2006）。

3.2.5 除临时接地装置外，接地装置应采用热镀锌钢材。水平敷设的可采用圆钢和扁钢，垂直敷设的可采用角钢和钢管。腐蚀比较严重的地区的接地装置，应适当加大截面积，或采用阴极保护等措施。不得采用铝导体作为接地体或接地线。当采用扁铜带、铜绞线、铜棒、铜包钢、铜包钢绞线、钢镀铜、铅包铜等材料作为接地装置时，其连接应符合本规范的规定。

3.3.1 接地体顶面埋设深度应符合设计规定。当无规定时，不应小于0.6m。角钢、钢管、铜棒、铜管等接地体应垂直配置。除接地体外，接地体引出线的垂直部分和接地装置连接（焊接）部位外侧100m范围内应做防腐处理；在做防腐处理前，表面必须除锈并去掉焊接处残留的焊药。

3.4.2 接地体（线）的焊接应采用搭接焊，其搭接长度必须符合下列规定：

1. 扁钢为其宽度的2倍（且至少3个棱边焊接）。

2. 圆钢为其直径的6倍。

3. 圆钢与扁钢连接时，其长度为圆钢直径的6倍。

4. 扁钢与钢管、扁钢与角钢焊接时，为了连接可靠，除应在其接触部位两侧进行焊接外，并应焊以由钢带弯成的弧形（或直角形）卡子或直接由钢带本身弯成弧形（或直角形）与钢管（或角钢）焊接。

3.4.3 接地体（线）为铜与铜或铜与钢的连接工艺采用热剂焊（放热焊接）时，其熔接接头必须符合下列规定：

1. 被连接的导体必须完全包在接头里；

2. 要保证连接部位的金属完全熔化，连接牢固；

3. 热剂焊（放热焊接）接头的表面应平滑；

4. 热剂焊（放热焊接）的接头应无贯穿性的气孔。

6.2.2　电缆接地施工安全规定

（1）现场每班不少于2名电工，并持证上岗。所有电闸箱统一编号，外涂安全标志，箱内无杂物，箱门上锁，箱内贴好电路图，由专人负责。所有配电箱、开关均设漏电保护器。现场内电源线不得乱接、乱拉、乱扯。设备必须有地线连接，设备电源必须有漏电保护装置，设备维修必须专职人员进行，不得私自进行维修。特殊工种作业人员持证上岗。

（2）作业时应穿戴工作服、绝缘鞋、电焊手套、防护面罩、护目镜等防护用品。

（3）焊接作业现场周围10m范围内不得堆放易燃易爆物品。

（4）作业前应检查焊机、线路、焊机外壳保护接零等，确认安全后方可作业。

（5）施焊地点潮湿，焊工应在干燥的绝缘板或胶垫上作业，配合人员应穿绝缘鞋或站在绝缘板上。应定期检查绝缘鞋的绝缘情况。

（6）焊接时临时接地线头严禁浮搭，必须固定、压紧，用胶布包严。

（7）工作中遇下列情况应切断电源：改变电焊机接头；移动二次线；转移工作地点；检修电焊机；暂停焊接作业。

（8）现场施工必须做到工完、料尽、场清。

6.3 电缆敷设监理工作流程

电缆敷设监理工作流程如图 6-1 所示。

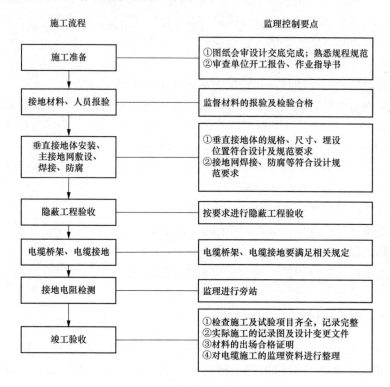

图 6-1 电缆线路施工监理工作流程

6.4 接地施工准备阶段监理工作要点

（1）熟悉设计图纸及相关规程、规范。

（2）完成设计交底与图纸会检工作，对其中的问题已经进行必要的说明。

（3）审查与接地施工有关的施工组织设计及措施方案。施工单位应及时将措施、方案一起报送监理审核，审核重点如下：

1）文件的内容完整，措施可行。

2）该施工方案（措施、作业指导书）制定的施工工艺流程合理，针对性强，质量安全控制措施到位，充分保证工程施工在控可控。

3）安全危险点分析或危险源辨识、环境因素识别准确、全面，应对措施有效。

4）质量保证措施有效、完善，并落实了工程创优控制措施。

5）文件的编、审、批人员应符合施工承包单位体系文件相关管理制度的规定。

6.5　接地材料、人员报验

（1）检查接地极、接地扁铁的规格、型号符合设计要求，质保资料齐全。一般用游标卡尺测量接地扁钢的宽度和厚度。接地材料的规格型号应符合设计要求，质保资料应齐全；钢材应热镀锌（强条）且镀锌层表面应完好，无表面起皮、开裂现象。

（2）现场施工用焊机功率等能满足施工要求，检查外壳、电缆等无明显破损后方可进场。焊条必须符合设计要求，与所用接地材质匹配并经过报审后方可进场。

（3）接地焊接的操作必须由持证焊工进行，非焊工不得进行焊接。

6.6　垂直接地体安装、主接地网敷设、焊接、防腐

（1）垂直接地体安装。

1）按照设计图纸的位置安装垂直接地体。

2）为便于施工安装，可以在垂直接地体未埋入前焊接一段水平接地体。

3）垂直接地体应该用电锤打入，深度满足设计要求，接地极与主接地网焊接后其顶部高度也需符合设计要求。

4）垂直接地体安装结束后可能会出现镀锌层破坏，应该在敲击部位做防腐处理。

5）垂直接地体间的间距不宜小于其长度的 2 倍，且不宜小于 5m。

（2）主接地网敷设、焊接。

水平接地网敷设前，监理人员要检查开挖深度，具体数据以图纸为准。

1）水平接地体埋设深度应符合设计规定。

2）主接地网的连接方式应该符合设计要求，一般采用焊接方式，焊接必须牢固，无虚焊。

3）采用钢接地体时使用搭焊接。

① 接地线弯制时，应采用机械冷弯，避免热弯损坏锌层。

② 扁钢搭接为其宽度的 2 倍；圆钢搭接为其直径的 6 倍；扁钢与圆钢搭接时长度为圆钢直径的 6 倍。

③ 焊接至少要三面焊，在"十"字搭接处，应该采取弥补搭接面不足措施以满足上述要求。

4）铜绞线、铜覆钢的焊接采用热熔焊：

① 焊接时应预热模具，模具内热熔剂填充密实，点火过程安全防护可靠。

② 接头内导体应熔透，保证有足够的导电截面。

③ 模具必须选择正确，焊渣及时清除，保证内部清洁。

④ 石墨模具使用次数有限制，需及时更换。

（3）主接地网的防腐。

1）铜焊接头表面光滑、无气泡，应用钢丝刷清除焊渣，在做防腐处理前要进行除锈并清除残留焊药。

2）焊接位置两侧 100mm 范围内及锌层破损处应防腐，防腐应该选择环氧富锌漆。

（4）接地网引上线的预留。

由于图纸上可能不会明确所有接地引上点的位置，要求监理人员必须熟悉图纸内容，了解所有接地点的设置，主要有设备、爬梯、电缆内通长扁铁等，监理人员要与施工管理人员做好沟通协调，所有引上部分不得遗漏，并做必要的成品保护。

6.7 隐蔽工程验收

（1）接地网的某一区域施工结束后，在接地沟回填之前必须经过监理人员的验收签证，检查接地线规格是否正确，焊接是否饱满，防腐是否处理完好，合格后方可进行回填工作，同时做好隐蔽工程记录。

（2）监理人员应该监督回填土内不得含有石块、建筑垃圾等，外取的土壤不应该含有腐蚀性，并应该夯实。

6.8 电缆通道内接地

（1）接地体宜采用热镀锌扁钢，宜明敷。

（2）接地线的安装位置应按照图纸要求，便于检查，无妨碍设备检修和运行巡视，接地线的安装应美观，防止因加工方式不当造成接地线截面减小、强度减弱、容易生锈。

（3）接地线应水平或垂直敷设，在直线段上，不应有高低起伏及弯曲等现象。在接地线跨越电缆沟槽伸缩缝、沉降缝时，应设置补偿器，补偿器可用接地线本身弯成弧状代替。

（4）沿电缆桥架敷设铜绞线、镀锌扁钢等，电缆桥架接地时应符合下列规定：

1）电缆桥架全长不大于 30m 时，不应少于 2 处与主网相连。

2）全长大于 30m 时，应每隔 20～30m 增加与主网的连接点。

3）电缆桥架的起始端和终点端应与接地网可靠连接。

4）设计有特殊要求的，按照设计要求执行。

5）盾构、顶管等通长接地体与顶管隧道两端的工作井接地装置可靠连接。

（5）电缆方面的接地。

1）交、直流电力电缆的接头盒、终端头、可触及的电缆金属护层和穿线的钢管均应该接地。

2）电缆长度较小时，金属护套两端接地后形成的环流很小，适合采用金属护套两端接地。

3）电缆长度较大时，可以采用金属保护套交叉互联。将电缆分成几个大段，每个大段上分成几个小段，在小段链接处装设绝缘接头，绝缘接头处金属护套之间经过交叉互联箱进行交叉互联，并加设绝缘保护器。每一个大段之间的金属护套分别接地。

6.9　接地电阻检测

（1）审查接地电阻测试仪的定检合格证明文件齐全，应在检验有效期内。

（2）在整个接地网施工完工后，再对整个接地网电阻进行测量，分段及整体接地网测量采用三极法测试电阻，雨后不得立即测量，如图 6-2 所示。

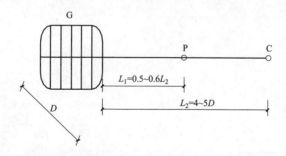

图 6-2　接地电阻测量线路图

G—接地网；D—接地网最大对角线长度；L_1、L_2—电压极或电流极至接地网边缘

接地阻抗值必须满足设计要求，试验时必须排除与接地网连接的架空地线、电缆的影响，监理做好旁站，并填写旁站记录。

6.10 竣 工 验 收

（1）监督检查接地装置安装和各种检测，符合设计规范要求。

（2）审查所有施工记录和试验报告齐全、正确，签字规范，无遗漏。各项工作符合规范要求后进行竣工验收。

（3）要求提供实际施工的设计变更文件、安装记录、隐蔽工程验收记录、监理旁站记录。

（4）整理监理资料。

（5）监督检查接地装置安装和各种测试，按照 DL/T 5161.5—2002《电气装置安装工程质量检验及检定规程　第 5 部分　电缆线路施工质量检验》表 4.0.1、表 4.0.3 进行签证。

第 7 章

电力电缆电气工程施工监理

7.1 电缆敷设及附件安装

7.1.1 电缆敷设特点

由于电缆线路常年在地下潮湿、隐蔽环境下运行，发生事故不易查找，事故处理较为困难，所以要求在电缆敷设、附件设备安装、电缆接头制作时必须保证不损伤电缆保护层，保证电缆的绝缘性能、防水性能良好，施工质量是电缆安全运行关键，不能发生任何质量问题。这就要求监理人员在电缆敷设、附件安装过程中做好巡视、旁站工作，尤其是对隐蔽工程要做好资料留存工作。

7.1.2 监理依据

电缆敷设及附件安装监理依据见表 7-1。

表 7-1 本节所引用的相关规程、规范名称及编号

序号	规范名称	编号
1	电气装置安装工程电缆线路施工及验收规范	GB 50168—2006
2	电气装置安装工程接地装置施工及验收规范	GB 50169—2006
3	电气装置安装工程质量检验及评规程	DL/T 5161—2002

1. 电缆敷设强制性条文规定

《电气装置安装工程电缆线路施工及验收规范》（GB 50168—2006）。

4.2.9 金属电缆支架全长均应有良好的接地。

5.2.6 直埋电缆在直线段每隔 50～100m 处、电缆接头处、转弯处、进入建筑物等处，应设置明显的方位标志或标桩。

7.0.1 对易受外部影响着火的电缆密集场所或可能着火蔓延而酿成严重事故的电缆线路，必须按设计要求的防火阻燃措施施工。

2. 电缆敷设安全管理规定

（1）一般规定。

1）电缆敷设应在电缆隧（沟）道完成及验收合格后进行。

165

2）无盖板的电缆沟、沟槽、孔洞，以及放置在人行道或车道上的电缆盘，应设遮拦和相应的交通警示标志，夜间设警示灯。

3）开启电缆井盖、电缆沟盖板及电缆隧道人孔盖时，应使用专用工具。开启后应设置标准路栏，并派人看守。施工人员撤离电缆井盖或隧道后，应立即将井盖盖好。电缆井内工作时，禁止只打开一只井盖（单眼井除外）。电缆井、电缆沟及电缆隧道中有施工人员时，不得移动或拆除进出口的爬梯。

4）电缆隧道应有充足的照明，并有防火、防水、通风措施。进入电缆井、电缆隧道前，应先通风排除浊气，并用仪器检测，合格后方可进入。

（2）施工准备。

1）电缆施工前应先熟悉图纸，摸清运行电缆位置及地下管线分布情况。挖土中发现管道、电缆及其他埋设物应及时报告，不得擅自处理。

2）开挖土方应根据现场的土质确定电缆沟、坑口的开挖坡度，防止基坑坍塌；采取有效的排水措施。不得将土和其他物件堆在支撑上，不得在支撑上行走或站立。沟槽开挖深度达到 1.5m 及以上时，应采取防止土层塌方措施。每日或雨后复工前，应检查土壁及支撑稳定情况。

3）采用非开挖技术施工前，应先探明地下各种管线及设施的相对位置。非开挖的通道，应与地下各种管线及设施保持足够的安全距离。通道形成的同时，应及时对施工区域灌浆。

（3）电缆敷设。

1）敷设电缆前应检查所使用的工器具是否完好、齐备。

2）敷设电缆应设专人指挥，并保持通信畅通。

3）电缆放线架应放置牢固平稳，钢轴的强度和长度应与电缆盘重量和宽度相匹配，敷设电缆的机具应检查并调试正常，电缆盘应有可靠的制动措施。

4）在带电区域内敷设电缆，应与运行人员取得联系，应有可靠的安全措施并设监护人。

5）高处敷设电缆时，应执行高处作业相关规定。

6）架空电缆、竖井工作作业现场应设置围栏，对外悬挂警示标志。工具材料上下传递所用绳索应牢靠，吊物下方不得有人逗留。使用三脚架时，钢丝绳不得磨蹭其他井下设施。

7）用机械牵引电缆时，牵引绳的安全系数不得小于 3，施工人员不得站在牵引钢丝绳内角侧。

8）用输送机敷设电缆时，所有敷设设备应固定牢固。施工人员应遵守有关操作规程，并站在安全位置，发生故障应停电处理。

9）使用桥架敷设电缆前，桥架应经验收合格。高空桥架宜使用钢质材料，并设置围栏，铺设操作平台。高空敷设电缆时，若无展放通道，应沿桥架搭设专用脚手架，并在桥架下方采取隔离防护措施。若桥架下方有工业管道等设备，应经设备方确认许可。

10）用滑轮敷设电缆时，施工人员应站在滑轮前进方向，不得在滑轮滚动时使用手搬动滑轮。

11）电缆展放敷设过程中，转弯处应设专人监护。转弯和进洞口前，应放慢牵引速度，调整电缆的展放形态，当发生异常情况时，应立即停止牵引，经处理后方可继续工作。电缆通过孔洞或楼板时，两侧应设监护人，入口处应采取措施防止电缆被卡，不得伸手被带入孔中。

12）水底电缆施工应制定专门的施工方案并执行相应的安全措施。

13）电缆头制作时应加强通风，施工人员宜配备防毒面罩。使用炉子应采取防火措施。

14）制作环氧树脂电缆头和调配环氧树脂工作过程中，应在通风良好处进行并应采取有效的防毒、防火措施。

15）新旧电缆对接，锯电缆前应与图纸核对是否相符，并使用专用仪器确认电缆无电后，用接地的带绝缘柄的铁钉钉入电缆芯后，方可工作。扶柄人应戴绝缘手套、站在绝缘垫上，并采取防灼伤措施。

16）人工展放电缆、穿孔或穿导管时，施工人员手握电缆的位置应与孔口保持适当距离。

7.1.3　电缆敷设监理工作流程

电缆敷设监理工作流程如图 7-1 所示。

7.1.4　电缆敷设准备阶段监理工作要点

（1）熟悉设计图纸及相关规程、规范。

（2）审查与电缆有关的施工组织设计及措施方案。施工单位应认真编制电缆敷设施工方案（措施）报送监理审核，审核重点如下：

1）文件的内容是否完整，编制质量好坏。

2）该施工方案（措施、作业指导书）制定的施工工艺流程是否合理，施工方法是否得当，是否先进，是否有利于保证工程质量、安全、进度。

3）安全危险点分析或危险源辨识、环境因素识别是否准确、全面，应对措施是否有效。

4）质量保证措施是否有效，针对性是否强，是否落实了工程创优措施。

5）文件的编、审、批人员应符合施工承包单位体系文件相关管理制度的规定。

施工流程 监理控制要点

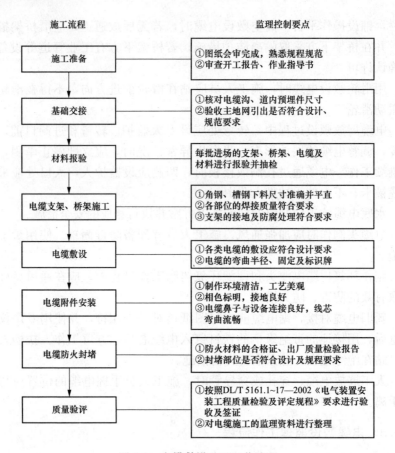

图 7-1　电缆敷设监理工作流程

（3）对主要自采购材料支架供货商进行资质审查，供货商应具备生产资质和生产能力。

（4）对特殊工种（电工、电焊工、接头制作人员）进行资质审查，特殊工种应持有效证件。

（5）检查大型施工机械（流动式汽车吊等），流动式汽车吊安全检查合格证及年检记录应在有效期内，驾驶员、司索应持有有效证件。

7.1.5　电缆敷设施工阶段监理控制要点

1. 基础交安

该工作应出土建、安装、监理单位共同进行，验收合格后移交安装单位，监理主要控制要点如下：

（1）检查预埋件尺寸、中心位移、平整度偏差、数量及预留孔的位置、防腐质量。

（2）检查隧道有效空间作业环境，进出有安全通道，照明亮度充足、空气畅通、消防器材配备到位。

（3）按设计要求接地引上线已预留。

2．材料报验

监督对进场的电缆支架、角钢、槽钢、扁钢、管材、动力电缆、防火材料的报验。监理重点检查如下：

（1）电缆盘完好无损，标牌字迹清晰，盘内电缆排列整齐，电缆外护套无磕碰痕迹。

（2）电缆、防火材料出厂合格证齐全，有试验报告及使用说明。

（3）进场型钢合格证齐全（自做支架时）。

（4）电缆支架、托架、桥架的出厂合格证（外委托加工时）。

（5）检查型钢、管材及成品支架的各部尺寸是否符合设计要求，镀锌质量符合规范要求。

（6）材料检验有施工、监理单位参加，如发现材料问题，施工单位应填写《设备缺陷通知单》并签字确认，由订货部门与生产厂家协商处理。

3．电缆支架、桥架施工

监理控制要点如下：

（1）所有钢材应平直，无明显扭曲、合格证齐全。

（2）电缆支架规格、尺寸及各层间的距离应遵循施工图及规范要求，其下料误差在 5mm 以内，切口无卷边、毛刺，焊接牢固，无显著变形；各横撑间的垂直净距与设计偏差不应大于 5mm。

（3）对所有加工完成的电缆支架进行防腐处理。

（4）各电缆支架水平距离应一致，同层横撑间应在同一水平面上，其高低偏差不应大于 5mm。

（5）对外委制作的层架（吊架、桥架）到场后进行检验，检验合格后方可安装。

（6）金属电缆支架全长应有良好的接地。

4．电缆敷设

（1）电缆穿管敷设监理控制要点：

1）电缆型号、电压、规格及长度符合设计规定。

2）电缆外观应无机械损伤且平滑。

3）抱箍外观光滑、眼距与支架留设相符。

4）电缆外护套耐压试验应合格（厂家、监理均派人员参加）。

5）穿管敷设时，管道内部应无积水，且无杂物堵塞。穿入管中电缆的数量应符合设计要求；交流单芯电缆不得单独穿入钢管内。穿电缆时，不得损伤保护层，可采用无腐蚀性的润滑剂（粉）。

6）穿管进口处加设铝质领口保护器，防止电缆受到摩擦。

7）穿管进口处 1m 摆放第一台输送机，然后间隔 30m 摆放一台输送机，3～4m 摆放一台支撑滑轮。

8）接收井内摆放一台 8t 的牵引机，牵引机、输送机同步实施，速度≤6m/min。

9）在进口处专人负责检查电缆摩擦情况，专人负责输送机管理，采取在电缆端头涂抹一层黄油的电缆防摩擦措施。

10）进出口 2m 处安装第一个抱箍，电缆应位于穿管中心。

（2）电缆隧道（沟道）敷设监理控制要点：

1）电缆敷设时，电缆应从盘的上端引出，不应使电缆在支架上及地面摩擦拖拉。电缆本身不得有压扁、绞拧、护层折裂等机械损伤。

2）电缆敷设时应排列整齐，不宜交叉，及时加以固定，并装设标志牌。标志牌的装设应符合下列要求：

① 在电缆终端头、隧道及竖井的上端等地方，电缆上应装设标志牌。

② 标志牌上应注明电缆编号、型号、规格及起讫地点。标志牌应使用电脑打印，字迹应清晰不易脱落，挂装应牢固并与电缆一一对应。

3）电缆线路路径上有可能使电缆受到机械性损伤、化学作用、地下电流、振动、热影响、腐殖物质、虫鼠等危害的地段，应采取保护措施。

4）大截面电缆较短时可以直接采用人工敷设；当电缆较长需采用机械敷设时，应将电缆放在滑车上拖拽，牵引端应采用专用的拉线网套或牵引头，牵引强度不得大于规范要求，必要时应在牵引端设置防捻器。

5）电缆终端头和接头处应有一定的备用长度；电缆接头处应互相错开，电缆敷设整齐不宜交叉，单芯的三相动力电缆宜放置成品字形。

6）高压电缆敷设后，电缆头应悬空放置，并应及时制作电缆终端，如不能及时制作电缆终端，电缆头必须采取措施进行密封，防止受潮。

7）电缆的最小弯曲半径应符合表 7-2 的要求。

表 7-2 电缆的最小弯曲半径

电缆型式	最小弯曲半径	
	多芯	单芯
控制电缆	10D	—
聚氯乙烯绝缘电力电缆	10D	
交联聚氯乙烯绝缘电力电缆	15D	20D

注 D 为电缆外径。

8）所有电缆敷设时，电缆沟转弯、电缆层井口处的电缆弯曲弧度一致，过度自然，敷设时人员应站在拐弯口外侧。所有直线电缆沟的电缆必须拉直，不允许直线沟内支架上有电缆弯曲或下垂现象。

9）电缆固定应符合下列要求：

① 垂直敷设或超过 45°倾斜敷设的电缆在每个支架上；桥架上每隔 2m 处固定。

② 水平敷设的电缆，在电缆首末两端及转弯、电缆接头的两端处；当对电缆间距有要求时，每隔 5～10m 处固定。

③ 交流单芯电缆的固定应符合设计要求，单芯电力电缆固定夹具材料不应构成闭合磁路。

5. 电缆附件安装

（1）电缆中间接头制作安装监理控制要点。

1）电缆支撑定位：①两端电缆支撑并调直搁平重叠；②确定中心点锯除多余电缆，切面应平整。

2）剥除外护套：①剥切尺寸应符合图纸要求；②切割时断口应平整不得上级铝（铅）金属护套；③两端外护套端部 200mm 部分石墨层应刮除干净并加以保护。

3）铝护套镀、搪底铅：

① 电缆铝波纹护套氧化层应用钢丝刷清除干净；

② 铝波纹护套加温均匀，温度应控制适当；

③ 铝护套用锌锡焊料采用摩擦法分别镀一层底料应均匀到位；

④ 铝护套底铅尺寸应符合要求；

⑤ 操作温度应控制在 90℃ 及以下。

4）锯除波纹铝护套：

① 剥除尺寸应符合图纸要求；

② 断口应平整，不得有尖端；

③ 端口须用专用工具做成喇叭状。

5）加热校直电缆：①加热温度和加热时间应控制在允许范围内；②校直固定方法和冷却时间应符合要求。

6）剥削外半导电屏蔽层：

① 按图纸尺寸进行操作，不得切削和损伤绝缘层；

② 端口应平齐，不得有凹凸不平；

③ 半导电层与绝缘应平滑过渡，坡面应均匀光洁。

7）剥除线芯绝缘：

① 尺寸应符合图纸要求；

② 绝缘层断切面应平整；

③ 剥切时不得伤及导体。

8）砂磨绝缘表面：

① 依次先后用砂纸进行砂磨绝缘，表面应圆整光滑清洁干净，绝缘端口应倒角成 R2.0 并砂磨圆滑。

② 两轴向任一点绝缘直径误差应小于 0.5mm，并达到图纸尺寸范围内。

9）套入零部件和绝缘预制件：

① 按图纸要求逐一套入零部件和绝缘预制件，顺序和方向应正确，不得错误。

② 套入前电缆绝缘应用塑料薄膜加以保护，套入时不得碰及绝缘体。

10）压接连接管：

① 线芯和连接管应清洗干净，待清洁剂挥发后，分别将两端线芯和铜编织等位线插入连接管；

② 压接磨具应选择正确，压膜合拢后应停留 10～15s；

③ 压接成型后接管应垂直；

④ 压接成型后半导端口、金属层端口尺寸须符合要求。

11）绕包半导电带：

在接管上缠绕半导电带，带材绕包尺寸、拉伸、平整度须符合要求。

12）铜胆尾部封铅：

① 焊面及焊料加热温度应控制适当；

② 熔铅与触铅应配合协调；

③ 加温应均匀，温度应控制适当；

④ 由里层向外揉适，操作自然配合协调；

⑤ 铅体位置及尺寸应符合图纸要求，外形曲线应均匀对称；

⑥ 操作温度应控制在 90℃ 及以下，如达到 90℃ 则必须停止操作。

（2）电缆终端制作安装监理控制要点。

1）测量电缆实际长度，并留有一定余度的情况下进行提料，同时考虑电缆的长度是否超过生产厂单根最长生产长度。

2）高压电缆提料时，要求对电缆的规格、型号及技术参数等要详细说明，且符合设计要求。

3）电缆终端和电缆中间接头的选用同样要求提供型号、适用的电缆规格等详细的参数。

4）交联聚乙烯电力电缆的电缆终端有三种：预制形式、热缩形式、冷缩形式。不论采用何种终端方式，都应严格按照电缆厂家的要求制作电缆终端。

5）根据电缆终端和电缆的固定方式，确定电缆头的制作位置，剖开电缆外护套。破除过程中用力应适当，不得损伤内层屏蔽和绝缘层。对于多芯的电力电缆，应能使电缆头固定后，其各相弧度保持一致，过渡自然；单芯的电缆头高度、弧度一致。

6）在制作电缆头时，应将钢带和铜带屏蔽分开接地，并有标识，接地线与钢带和铜带采用焊接或电缆终端附件中自带的弹簧卡进行连接；接地线应采用镀锡编织带，压接编织带的铜鼻子应搪锡。

7）多芯电缆的电缆头采用分支护套。分支护套内应衬一些填充料（软质材料可以利用电缆内的填充料）。确保电缆头的分支护套密实。分支护套应尽可能向电缆头根部拉近，然后方可进行热缩或冷缩。钢带在电缆头处切断，接地线从分支护套下部引出。而屏蔽层视接地线位置至电缆头之间的长度而定，对于三芯电缆一般均在分支护套上部。

8）为了保证多芯电缆的三相过渡自然、弧度一致，需增加延长护管。分支护套、延长护管及电缆终端等在热缩或冷缩后应与电缆接触紧密，不能有褶皱和破损现象。

9）多段护套搭接时，上部的绝缘管应套在下部绝缘管的外部，搭接长度符合厂家说明书的要求。

10）根据接线端子的位置和应力管的长度，确定延长护管的长度，在延长护管上部，根据说明书的要求剥除屏蔽层，剩余的长度符合说明书的要求，然后制作铜带接地。

11）利用剥刀或玻璃等将铜带上部的外半导体层剥除，铜带上部的半导体层应按照说明书要求留有一定长度，且切断处应平整。半导体层剥除后用细砂纸打磨，磨去绝缘层上半导体残留物，但不得损坏绝缘层，或是绝缘层出现毛刺、凹凸不平现象，最后用酒精清洗。

12）根据应力管热缩或电缆终端预制、冷缩的长度和接线鼻子长度，将多余的电缆切除，同时将压接接线鼻子处的绝缘层剥除，剥除时不得损伤芯线。对露出芯线表面的半导体层进行清除，绝缘层的切断面和边角进行打磨处理，使芯线表面清洁、绝缘层切断面光滑无毛刺。

13）选用浇铸式接线鼻子用压接钳进行压接，压接工艺符合规范要求；铜线鼻子应镀锡。在接线鼻子和绝缘层切断面的交界处，用厂家提供的填充胶带进行填充，使之过渡自然，同时确保电缆终端制作后顶部密实，密封良好。

14）冷缩电缆终端和预制电缆终端是一种组合型电缆终端，在接线鼻子压接后就可直接安装电缆终端，安装过程中应参照厂家说明书的要求进行。对于预制式电缆终端，安装时在应力锥内涂厂家自备的硅脂润滑，以便于预制电缆终端的安装。

15）热缩的电缆终端安装时应先安装应力管，应力管和半导体层的搭接应满足厂家的规定要求，然后安装外部绝缘护管和雨裙。外部绝缘护管和雨裙的安装位置及雨裙间间距应满足厂家规定的要求。

16）最后用相应颜色的胶布进行相位标识。

17）电缆终端安装时应避开潮湿天气，且尽可能缩短绝缘暴露的时间。如在安装过程中遇到雨雾等潮湿天气，应及时停止作业，并做好可靠的防潮措施。

18）高压电缆终端头制作完成后，应按照 GB 50150—2016《电气装置安装工程电气设备交接试验》的规定和要求进行试验。

19）电缆终端与设备搭接自然，不应有扭劲。搭接后应对电缆采取固定措施，不得使搭接处设备端子和电缆受力，固定点应设在应力锥下和三芯电缆的电缆头下部等部位。

20）电缆终端搭接和固定时应确保带电体与钢带及铜带接地之间的距离，同时确保不同相雨裙之间的距离，必要时加装过渡排。搭接面应符合规范要求。

21）单芯电缆或分相后的各相终端的固定不应形成闭合的铁磁回路。固定处应加装符合规范要求的衬垫。

22）对于多芯电缆，钢带和屏蔽均应采取两端接地的方式；当电缆穿过零序电流互感器时，屏蔽接地不应穿过零序电流互感器。

23）单芯电缆长度很短时屏蔽可采取两端接地方式；长度较长时屏蔽应采取一端接地，另一端不接地方式。当采取一端接地方式时，不接地端过电压水平不满足要求时，可采取一端接地，另一端加装护层保护器的接地等方式。

6. 电缆防火封堵

监理控制要点如下：

（1）电缆穿过竖井、墙壁、楼板或进入电源盘、柜的孔洞处用防火堵料密实封堵。

（2）重要的电缆沟和隧道中，按设计要求分段或用软质耐火材料设置阻火墙。

（3）对重要回路的电缆，可单独敷设于专门的沟道或耐火封闭槽内，或对其施加防火涂料、防火包袋。在电力电缆接头两侧及相邻电缆 2m 长的区段施加防火涂料或防火包带。必要时采用高强度防爆耐火盒进行封闭。

（4）防火重点部位的进入口，应按设计要求设置防火门或防火卷帘。

（5）防火阻燃材料必须有出厂合格证及质量检验报告。

（6）有机材料不氧化、不冒烟，软硬适度，具有一定的柔韧性。

（7）无机堵料无结块、无杂质。

（8）防火隔板平整、厚薄均匀。

（9）防火包遇水或受潮后不板结。

（10）防火涂料无结块、能搅拌均匀。

（11）防火网网孔尺寸大小均匀，经纬线粗细均匀，附着防火复合膨胀厚度一致。

（12）涂料应按一定浓度稀释，搅拌均匀，并应顺电缆长度方向进行涂刷，涂刷的厚度、次数及间隔时间按产品说明进行。

（13）包带在缠绕时应拉紧密实，缠绕层数及厚度按产品说明进行，包缠完毕后，每隔一定距离应绑扎牢固。

（14）电缆孔洞应封堵严实可靠，堵体表面平整，无明显裂缝。

（15）电缆竖井的封堵，应有一定的强度；有机堵料封堵不应有漏光、漏风、龟裂、脱落、硬化等现象；无机堵料封堵不应有粉化、开裂等缺陷。

（16）阻火墙上的防火门应严密，孔洞应封堵；阻火墙两侧电缆应施加防火包或涂料。

（17）阻火包的堆砌应严实牢固，外观整齐，不应透光。

7. 质量验评

检查重点如下：

（1）施工图及变更设计的说明文件齐全。

（2）电缆出厂合格证及试验记录、电缆头耐压试验报告齐全。

（3）全站电缆施工的检查记录，安装检验、评定记录等按项目划分表分别进行检验与填写，记录表格填写的数据要真实、字迹清晰、签字齐全。

7.1.6　环保、安全风险管控监理控制要点

监理重点检查如下：

（1）电缆盘整体搬运时，盘体完整、牢固，保护板齐全。

（2）在搬运过程中，必须按电缆盘上标出的箭头方向滚动，要求地面平整，避免电缆损伤。

（3）汽车搬运时电缆盘应立放，固定牢固，人与电缆盘不准同在一个马槽内。

（4）在运行区域施工必须办理工作票，并做好安全措施，设立安全监护人。

（5）在电缆隧道、夹层内所用的施工照明，电压应为 24V 或 36V。

（6）电缆头制作场地应清洁干净，相对湿度在 60% 以下，并做好防火措施；户外施工应搭设护棚，高空施工应搭设工作台。

7.2　电缆电气试验

7.2.1　电缆电气试验监理特点

电缆电气试验过程中存在触电、物体打击、高处坠落等风险，电缆试验具有

较强的专业性。现场监理工作具有如下要求：

（1）电缆电气试验需要监理人员具有较全面的电气试验知识以及对于试验规范内容的掌握，了解不同电压等级或不同材质电缆基本的试验方法及试验数据是否合理。

（2）监理人员必须对试验方案、被试电缆参数、试验单位资质、试验人员资质、试验仪器仪表等施工单位报审资料进行严格把关，保证电气试验前期准备工作完善到位。

（3）试验时，确认电缆试验引线，应做好防风措施，保证与带电体有足够的安全距离。遇有雷雨及六级以上大风时应停止高压试验。

（4）监理人员需要求施工单位做好现场电气试验安全控制措施，安全风险预判、评估到位，并严格落实现场作业票执行记录，确保整个试验过程的安全进行。

（5）监理应检查在隧道、电缆夹层内等有限空间试验作业，应在作业入口设专责监护人。监护人应事先与试验人员规定明确的联络信号，并与试验人员保持联系，试验前和离开时应准确清点人数。

（6）在隧道或电缆夹层内进行试验时，监理应坚持"先通风、再检测、后作业"的原则，试验前应进行风险辨识，分析有限空间内气体种类并进行评估监测，做好记录。

（7）在隧道或电缆夹层内进行试验时，应督促试验人员在进行试验时，应当采取相应的安全防护措施，防止中毒窒息等事故发生。

（8）监理应检查电缆隧道应有充足的照明，并有防水、防火、通风措施。进入电缆井或电缆隧道前，应先通风排除水浊气，并用仪器检测，合格后方可进入进行试验。

7.2.2 监理依据

电缆电气试验监理依据见表 7-3。

表 7-3   本节所引用的相关规程、规范名称及编号

序号	规范名称	编号
1	电气装置安装工程电气设备交接试验标准	GB 50150—2016
2	电力安全工作规程 电力线路部分	GB 26859—2011
3	电力安全工作规程 发电厂和变电站电气部分	GB 26860—2011
4	建筑电气工程施工质量验收规范	GB 50303—2002
5	电气装置安装工程电缆线路施工及验收规范	GB 50168—2006
6	电力建设安全工作规程 第2部分：电力线路	DL 5009.2—2013

序号	规范名称	编号
7	电力建设安全工作规程 第 3 部分：变电站	DL 5009.3—2013
8	电力电缆线路试验规程	Q/GDW 11316—2014

1. 电缆试验的强制性条文规定

无。

2. 电缆电气试验安全管理规定

监理人员需要落实现场安全控制措施，对试验过程安全管理做好如下监督要求：

（1）试验人员应具有试验专业知识，充分了解被试产品和试验设备及仪器仪表的性能，不得使用有缺陷及危及人身安全或设备安全的设备。

（2）通电试验期间试验及安全监护人员不得中途离开。

（3）试验电源应按类别、电压、相别合理布置，在明显位置放置安全标志。试验场所应有良好的接地线，试验台上及台前应按要求敷设橡胶绝缘垫。

（4）进行高压试验时应明确试验负责人，试验负责人及安全责任人，对试验期间的安全工作全面负责。试验人员不得少于两人。

（5）被试电缆两端及试验有专人监护，并保持通信畅通。

（6）电缆耐压试验前，应对设备充分放电，并测量绝缘电阻。加压端应做好安全防护措施，防止人员进入试验区域，另一端应使用安全围栏及安全警示标志。如另一端是上杆的或是锯断电缆处，应派人看守。

（7）电缆耐压试验分相进行时，另两相电缆应接地。

（8）连接试验引线时应做好防风措施，保证足够的安全距离。更换引线时，应先对设备充分放电，电缆试验过程中试验人员应戴好绝缘手套并穿绝缘靴或站在绝缘垫上。

（9）电缆故障声测定点时，禁止直接用手触摸电缆外皮或冒烟小洞，以免触电。

（10）试验过程中发生异常情况时，应立即断开电源，经放电、接地后再进行检查。

（11）电缆试验结束，应在被试电缆上加装临时接地线，待电缆尾线接通后才可拆除。

（12）遇雷雨或六级以上大风天气应停止高压试验。

（13）直流和交流试验安全距离见表 7-4。

表 7-4　　　　　　　　　　　**直流和交流试验安全距离表**

电压等级（kV）	安全距离（m）
200	1.5
500	3
750	4.5
1000	7.2
1500	13.2

注　1. 试验电压小于 200kV 时安全距离不应小于 1.5m。
　　2. 试验电压交流为有效值，直流为最大值。
　　3. 适用于海拔不高于 1000m 的地区，用于海拔高于 1000m 的地区时，按 GB 311.1—2012《绝缘配合 第一部分：定义、原则和规则》海拔校正规定进行修正。

7.2.3　电缆电气试验监理工作流程

电缆电气试验监理工作流程如图 7-2 所示。

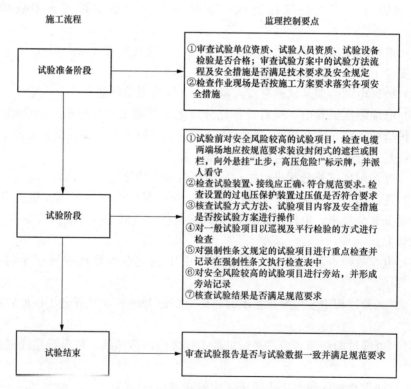

图 7-2　电缆电气试验监理工作流程

7.2.4　试验准备阶段监理工作要点

（1）审查试验单位资质、试验人员资质是否合格，对人员证件有效期进行核实，同时核查试验设备及相关仪表设备是否定期检测，并报告合格。

（2）审查施工报审试验方案，检查试验准备工作是否描述到位，试验方法流程是否具体，安全质量措施是否到位。并与交接试验标准进行对比，监理人员对方案内容提出监理审查意见并要求施工单位及时修改报审。

（3）检查施工作业现场是否按安装方案要求落实相关安全措施，试验区域是否围挡警示、是否有专人值守、接地是否到位。

7.2.5　试验阶段监理质量控制要点

检查设置的过电压保护装置过压值是否符合要求。监督施工单位现场的试验方式方法、试验项目内容及安全措施是否按试验方案进行操作。对一般试验项目以巡视及平行检验的方式进行监督管理，对强制性条文规定的试验项目进行检查并记录在强制性条文执行检查表中。对安全风险较高的试验项目进行旁站并形成旁站记录。审核试验结果是否满足规范要求。

1. 电力电缆交接试验的内容

依据 GB 50150—2016《电气装置安装工程电气设备交接试验标准》，监理需审查施工报审的方案中试验内容是否齐全：

（1）主绝缘及外护层绝缘电阻测量。

（2）主绝缘直流耐压试验及泄漏电流测量。

（3）主绝缘交流耐压试验。

（4）外护套直流耐压试验。

（5）检查电缆线路两端的相位。

（6）充油电缆的绝缘油试验。

（7）交叉互联系统试验。

（8）电力电缆线路局部放电测量。

2. 电力电缆线路的试验的一般规定

（1）橡塑绝缘电力电缆可按 GB 50150—2016《电气装置安装工程电气设备交接试验标准》第 17.0.1 条第 1、3、5 和 8 款进行试验，其中交流单芯电缆应增加该标准第 17.0.1 条第 1、7 款试验项目。额定电压 U_0/U 为 18/30kV 及以下电缆，当不具备条件时允许有效值为 $3U_0$ 的 0.1Hz 电压施加 15min 或直耐压试验及泄漏电流测量代替该标准第 17.0.5 条规定的交流耐压试验。

（2）纸绝缘电缆可按 GB 50150—2016《电气装置安装工程电气设备交接试验标准》第 17.0.1 条第 1、2 和 5 款进行试验。

（3）自容式充油电缆可按 GB 50150—2016《电气装置安装工程电气设备交接试验标准》第 17.0.1 条第 1、2、4、5、6、7 和 8 款进行试验。

（4）对电缆的每一相测量其主绝缘的绝缘电阻和进行耐压试验。对具有统包绝缘的三芯电缆，应分别对每一相进行，其他两相导体、金属屏蔽或金属套和铠装层应一起接地；对分相屏蔽的三芯电缆和单芯电缆，可一相或多相同时进行，非被试相导体、金属屏蔽或金属套和铠装层应一起接地。

（5）对金属屏蔽或金属套一端接地，另一端装有护层过压保护器的单芯电缆主绝缘做耐压试验时，应将护层过电压保护器短接，使这一端的电缆金属屏蔽或金属套临时接地。

（6）额定电压为 0.6/1kV 的电缆线路应用 2500V 绝缘电阻表测量导体对地绝缘电阻代替耐压试验，试验时间应为 1min。

（7）对交流单芯电缆外护套应进行直流耐压试验。

3. 绝缘电阻测量

监理人员应检查测量后各电缆导体对地或对金属屏蔽层间和各导体间的绝缘电阻，应符合下列规定：

（1）耐压试验前后，绝缘电阻测量应无明显变化。

（2）橡塑电缆外护套、内衬套的绝缘电阻不低于 $0.5M\Omega/km$。

（3）测量绝缘用绝缘电阻表的额定电压，应符合下列规定：

1）电缆绝缘测量宜采用 2500V 绝缘电阻表，6/6kV 及以上电缆也可用 5000V 绝缘电阻表。

2）橡塑电缆外护套、内衬层的测量宜采用 500V 绝缘电阻表。

4. 直流耐压试验及泄漏电流测量

监理人员应核实现场直流耐压试验及泄漏电流测量，测量数据应符合下列规定。

（1）直流耐压试验电压应符合以下标准（此项作为主要质量工序并有较大安全隐患，需进行监理旁站）：

1）纸绝缘电缆直流耐压试验电压 U_t 可采用下式计算。

对于统包绝缘（带绝缘）：$U_t = 5(U_0 + U)/2$

对于分相屏蔽绝缘：$U_t = 5U_0$

式中：U_0——电缆导体对地或对金属屏蔽层间的额定电压；

　　　U——电缆额定线电压。

2）试验电压见表 7-5 的规定。

表 7-5 纸绝缘电缆直流耐压试验电压标准 (kV)

电缆额定电压U_0/U	1.8/3	3/3.6	3.6/6	6/6	6/10	8.7/10	21/35	26/35
直流试验电压	12	14	24	30	40	47	105	130

3）18/30kV 及以下电压等级的橡塑绝缘电缆直流耐压试验电压，应按下式计算：

$$U_t = 4U_0$$

4）充油绝缘电缆直流耐压试验电压，应符合表 7-6 的规定。

表 7-6 充油绝缘电缆直流耐压试验电压标准 (kV)

电缆额定电压U_0/U	48/66	64/110	127/220	190/330	290/500
直流试验电压	162	275	510	650	840

5）现场条件只允许采用交流耐压方法，当额定电压 U_0/U 为 190/330kV 及以下时，应采用的交流电压的有效值为上列直流试验电压值的 42%，当额定电压 U_0/U 为 290/500kV 时，应采用的交流电压的有效值为上列直流试验电压值的 50%。

6）交流单芯电缆的外护套绝缘直流耐压试验，可按 GB 50150—2016《电气装置安装工程电气设备交接试验标准》第 17.0.8 条规定执行。

（2）试验时，试验电压可分 4～6 阶段均匀升压，每阶段停留 1min，并读取泄漏电流值。试验电压升至规定值后维持 15min，其间读取 1min 和 15min 时泄漏电流。测量时应消除杂散电流的影响。

（3）纸绝缘电缆泄漏电流的三相不平衡系数（最大值与最小值之比）不应大于 2；当 6/10kV 及以上电缆的泄漏电流小于 20μA 和 6kV 及以下电压等级电缆泄漏电流小于 10μA 时，其不平衡系数不作规定。

（4）电缆的泄漏电流具有下列情况之一者，电缆绝缘可能有缺陷，应找出缺陷部位，并予以处理：

1）泄漏电流很不稳定。

2）泄漏电流随试验电压升高急剧上升。

3）泄漏电流随试验时间延长有上升现象。

5. 交流耐压试验

交流耐压试验，应符合下列规定，此项作为主要质量工序并有较大安全隐患，需监理旁站，并对试验结果进行复核。

橡塑电缆优先采用 20～300Hz 交流耐压试验。20～300Hz 交流耐压试验电压及时间见表 7-7。

表 7-7　　　　　　　**橡塑电缆 20～300Hz 交流耐压试验和时间**

额定电压 U_0/U(kV)	试验电压	时间（min）
18/30 及以下	$2U_0$	15（或 60）
21/35～64/110	$2U_0$	60
127/220	$1.7U_0$（或 $1.4U_0$）	60
190/330	$1.7U_0$（或 $1.3U_0$）	60
290/500	$1.7U_0$（或 $1.1U_0$）	60

不具备上述试验条件或有特殊规定时，可采用施加正常系统相对地电压 24h 方法代替交流耐压。

6. 电缆两端相位检查

检查电缆线路的两端相位应一致，并与电网相位相符合。

（1）拆开、清扫电缆两端连接线，用绝缘电阻表检查：开路摇测电阻为∞，短接电阻为 0。

（2）用 500V 绝缘电阻表测量时在电缆终端一端摇测，另一端一相接地，其他两相开路，测量时电阻为 0 者，则为同一相，在一次测出其他两相；测试一相后放电，依次测出三相。

7. 充油电缆的绝缘油试验

平行检验充油电缆的绝缘油试验，应符合表 7-8 的规定。

表 7-8　　　　　　　**充油电缆使用的绝缘油试验项目和标准**

项目		要　　求	试验方法
击穿电压	电缆及附件内	对于 64/110～190/330kV，不低于 50kV，对于 290/500kV，不低于 60kV	按 GB/T 507—2002《绝缘油击穿电压测定法》中的有关要求进行试验
	压力箱中	不低于 50kV	
介质损耗因数	电缆及附件内	对于 64/110～127/220kV 的不大于 0.005，对于 190/330kV 的不大于 0.003	按 DL/T 596—2005《电力设备预防性试验规程》中的有关要求进行试验
	压力箱中	不大于 0.003	

8. 交叉互联系统试验

监理人员巡视交叉互联系统，应注意如下要求。

（1）交叉互联系统对地绝缘直流耐压试验，应符合下列规定：

1）试验时应将护层过电压保护器断开。

2）应将互联箱中另一侧的三段电缆金属套都接地，使绝缘接头的绝缘环也能结合在一起进行试验。

3）应在每段电缆金属屏蔽或金属套与地之间施加直流电压 10kV，加压时间应为 1min，不应击穿。

（2）非线性电阻型护层过电压保护试验，应符合下列规定：

1）对氧化锌电阻片施加直流参考电流后测量其压降，即直流参考电压，其值应在产品标准规定的范围之内。

2）测试非线性电阻片及其引线的对地绝缘电阻时，应将非线性电阻片的全部引线并联在一起与接地的外壳绝缘后。用 1000V 绝缘电阻表测量引线与外壳之间的绝缘电阻，其值不应小于 10MΩ。

（3）交叉互联性能检验：

1）所有互联箱连接片应处于正常工作位置，应在每相电缆导体通以约 100A 的三相平衡试验电流。

2）应在保持试验电流不变的情况下，测量最靠近交叉互联箱处的金属套电流和对地电压。测量完毕应将试验电流降至零并切断电源。

3）应将最靠近的交叉互联箱内的连接片按模拟错误连接的方式连接，再将试验电流升至 100A，并再次测量该交叉互联箱处的金属电流和对地电压。测量完毕应将试验电流降至零并切断电源。

4）应将该交叉互联箱中的连接片复原至正确的连接位置，再将试验电流升至 100A 并测量电缆线路上所有其他交叉互联箱处的金属套电流和对地电压。

5）性能满意的交叉互联系统，试验结果应符合下列要求：

在连接片错误连接时，应存在异乎寻常大的金属套电流；在连接片正确连接时，将测得的任何一个金属电流乘以一个系数（该系数等于电缆的额定电流除以上述的试验电流）后所得的电流值不应使电缆额定电流的降低量超过 3％。

（4）互联试验，应符合下列规定：

1）接触电阻测试应在做完非线性电阻型护层过电压保护试验规定的护层过电压保护器试验后进行。

2）将刀闸（或连接片）恢复到正常工作位置后，用双臂电桥测量刀闸（或连接片）的接触电阻，其值不应大于 20μΩ。

3）刀闸（或连接片）连接位置检查应在交叉互联系统试验合格后密封互联箱之前进行，连接位置应正确。

4）发现连接错误而重新连接后，应重新测试刀闸（或连接片）的接触电阻。

9. 电缆局部放电试验

局放试验施加电压的方法（此项作为主要质量工序并有较大安全隐患，需监理旁站）：

试验电压应加在导线线芯和电缆屏蔽之间，电缆的试验电压由产品标准规定，进行局部放电试验时，电压应平稳的升高到 1.2 倍试验电压，但时间不应超过

1min，此后缓慢地降到规定的试验电压，此时即可测量出局部放电试验值，其合格指标应在产品中规定；或测量（判断）在给定试验回路灵敏度下无可检出的放电。

注意：

（1）电缆终端的局部放电影响到本电缆的局部放电测量准确度时，可采用任何合适方法加以消除。

（2）局部放电试验前应先经过工频交流耐压试验，以免在进行局部放电试验发生击穿或闪络，损坏局部放电测试。

（3）为了获取理想的双脉冲图，应选用具有 a 响应宽频带的局部放电测试仪。

（4）对于 35kV 及以下电缆的例行试验，可采用全屏蔽试验室。

（5）当检测到异常情况，每个记录部位应记录不少于 5 张放电谱图、3 张波形图。

7.2.6 安全风险控制要点及应急处置措施

通过组织安规学习以及现场巡视等，要求施工单位做好以下安全管理工作：

（1）试验设备接完线后要认真检查，试验前要与工作人员联系好，电缆线路对端看护人员到位，清场后方可开始试验。

（2）电缆耐压前，加压端应做好安全措施，防止人员误入试验场所。另一端应设置围栏并挂上警告标示牌。如另一端是上杆的或是锯断电缆处，应派人看守。在试验时，看护人员要在被试验电缆头 20m 以外看护，要严守岗位，不准任何人进入试验区。

（3）更换试验接线或试验完毕必须先断开电源，然后进行放电。

（4）在试验电缆时，施工人员严禁在电缆线路上做任何工作，防止感应电伤人。

（5）试验过程试验电源应从试验电源屏或检修电源箱取得，严禁使用破损不安全的电源线，用电设备与电源点距离超过 3m 的，必须使用带熔断器和漏电保护器的移动式电源盘，试验设备和电缆外皮应可靠接地，设备通电过程中，试验人员不得中途离开。工作结束后应及时将试验电源断开。

（6）高压试验设备及被试设备的外壳必须良好可靠接地。

（7）对非加压试验部位应可靠接地，并与加压部位有足够的安全距离，防止感应电压伤人。

（8）电缆耐压试验分相进行时，监理应检查另两相电缆是否应接地。

（9）电缆试验结束，应对被试电缆进行充分放电，并在被试电缆上加装临时接地线，待电缆尾线接通后才可拆除。

第 8 章

工 程 竣 工 阶 段 监 理

8.1 工程竣工初验及质量评估

8.1.1 具备工程竣工初验的条件

（1）施工单位已按承包合同规定完成全部设计工程量，包括线路通道内房屋拆迁、障碍物处理、林木砍伐、青苗赔偿等清理工作；排水、防火、照明、标志标识等防护设施已施工完毕。

（2）工程隐蔽工程和施工单位三级检验已验收，并全部合格。

（3）工程提交的竣工资料齐全、签字手续完备并符合规定。

（4）由施工单位提出竣工验收申请，附检验记录及自检评级报告。

8.1.2 监理进行工程竣工初验

（1）监理收到施工单位竣工验收申请后，经审查符合竣工初验条件，即组织竣工初步验收工作。监理初验的范围和比例应符合行业和建设单位相关规定。

（2）竣工监理初验前的准备工作。

1）编制工程监理初验方案。

本工程专业监理工程师编制竣工初验方案，并经审批。监理初验方案中应包括：监理初验依据、初验条件及初验范围、初验的人员与材料配备、初验的质量标准（重点介绍篇幅）及其他工程初验需介绍的内容。

2）工程初验的协调工作。

施工项目部应配合监理的初验工作，为监理初验人员提供便利条件。监理项目部初验前应做好协调事项，包括施工工程资料整理及报审、现场配合的施工人员等。

（3）施工资料的审查。审查报验文件、资料目录应齐全、填报规范。内容真实符合工程实际及相关规定，审查出的问题应反馈给施工单位核实、改正。

（4）监理组织工程实体初验。初验项目和比例应按规定进行，一般情况按下列要求进行。

1）电缆土建工程检验比例 100%，如果工程竣工前已由监理 100%检验并对隐蔽工程确认，可不重复检验。

2）电缆线路电气工程抽检按以下要求执行：

① 不少于电缆的路径长度的 50％（并覆盖各路电缆）。

② 电力电缆接头施工：不少于电缆接头总数的 50％（并覆盖各路电缆）。

③ 电力电缆附件安装施工：不少于电缆附件总数的 50％（并覆盖各路电缆、各类附件）。

④ 对线路规定的排水、防火、照明等防护设施及警示牌、标志牌的安装质量进行检验。

（5）监理检查要点。

1）检查试验报告的规范性：材料、构配件合格，抽样送检、试验符合国家有关规范、标准要求，送检单位准确性，试验单位资质满足试验要求，试验依据、试验项目、试验人员符合规程规范要求。

2）检查回填土压实度、标高是否符合设计要求。

3）电缆井、电缆管沟、电缆隧道（盾构）表面平整美观、无裂缝，棱角顺直方正、无缺损；工程防水材料使用及搭接符合规范及设计要求，壁面无渗水现象；混凝土色泽一致，无明显色差，基本无修补现象。

4）井（沟）、隧道（盾构）内无积水、杂物。

5）各类埋件、变形缝止水带安装齐全、正确、牢固，电缆支架螺栓出露长度一致，螺母数量要求符合设计且不得出现缺少现象。

6）电缆敷设高度一致、弯曲弧度一致；管口封堵密实，不露浆。

7）电缆敷设前电缆端头防潮封端可靠、严密。

8）电缆敷设施工记录符合设计要求，主要核对机械敷设牵引强度。

9）电缆终端（接头）制作工艺符合制造厂规定要求。

10）电缆敷设电缆弯曲半径符合设计及电缆技术要求。

11）检查应急灯具、防火门的安装牢固性及挂点、安装点是否符合设计要求，灯具的离地高度满足规范要求，检查照明设施及应急设施是否能正常运行；安装有监控设备的还应检查监控的运行状态，覆盖能力是否满足规范及设计要求，是否存在死角；应急物资的摆放位置、数量是否满足应急需要。

12）高压电力电缆直流耐压试验及参数测试符合规范要求，线路投运前施工单位及监理单位应仔细核对参数测试数据、检查仓位相位的吻合性，由施工单位出具耐压试验及参数测试试验数据准确性保证书、相位核对准确性保证书。

13）所有关键、重要、一般项目全部符合规范要求并达到优良标准。

（6）监理初验后提出初验缺陷记录，由施工单位消缺，监理跟踪复验。

（7）监理初验并经施工单位消缺后，认为工程验收合格达到国家规定标准，对工程质量进行综合评定，并提出监理初验质量评估报告。

（8）监理向建设单位提出竣工验收申请，建议进行工程竣工验收。

8.1.3　工程质量评估报告的编制

（1）评估报告的范围和要求。

1）工程质量评估报告是监理单位在监理服务范围内，所监理的分部工程施工质量及单位工程质量经竣工初验后作出总体质量评价。评估范围是监理合同所涵盖的设计质量、原材料及装材加工供货质量、工程施工质量，目前监理服务范围主要是对后两项质量的评估。

2）有地方政府参与质量监督的工程，评估报告应尊重当地质监部门的意见，按有关要求编写。

3）评估报告应本着公平、公正、实事求是的原则，以设计、规程、范围为准绳对工程质量做出客观的评价。

4）评估报告应由工程项目总监理工程师编写，并由公司工程部、技术质量部审核，公司总工程师批准。

（2）工程质量评估报告编写的主要内容。

1）工程简介。简明扼要介绍工程规模、主要工程量、参建单位、目标、工期及监理服务范围。

2）工程质量综述。阐述施工单位和监理单位开展质量工作情况，包括质量体系、管理制度、人员配备、运转是否正常，对工程管理评价；监理单位实施了哪些办法和举措，取得的成效，包括对地材、装材质量，各分部工程质量，隐蔽工程质量控制，设计文件审查等。

3）工程质量评估。工程质量评估的依据，监理施工检验及竣工初验情况，检验项目统计，合格率、优良率统计，对工程质量和环境质量总体评价。

4）存在的问题和建议。存在主要问题及今后改进建议。

总体要求是文字精炼、评估准确，用数据说话，取得各方认同。

8.2　工程竣工验收和工程移交

8.2.1　建设单位组织工程预验收

（1）建设单位在监理竣工初验的基础上，组织施工、监理单位会同运行、设计单位进行工程竣工预验收。

（2）运行单位根据运行生产准备的规定和要求，对工程质量现场情况进行全面验收。

运行单位的验收范围较广，包括电缆土建及隐蔽工程抽检；电缆敷设、电缆附件安装（电缆终端及接头）验收；电缆接地电阻阻值的评定和验收，以及对电缆通道的杂物清理、排水设施、防火措施等进行检查，并对竣工资料原始记录进行审查，提出运行验收报告和质量缺陷记录。

（3）对运行单位提出质量缺陷，由施工单位消缺处理，监理配合监督检查，进行复检工作。

8.2.2　工程竣工验收

（1）工程竣工验收由工程竣工验收启动委员会（简称启委会）组织进行。参加单位有质量监督中心站、建设单位、监理单位、运行单位、设计单位、施工单位及相关物资材料供应商等。

（2）启委会下设资料审查组、实体工程检验组和试运行指挥组。首先对工程竣工资料原始记录进行审查，对现场实物质量进行抽检，并向启委会提出报告。

（3）质量监督中心站代表政府实施质量监督检查，对工程总体质量做出评价，出具质量监督检查报告。

8.3　监理竣工文件、资料移交

8.3.1　工程竣工阶段文件资料的归档目录

工程监理单位在试运完成后 1 个月内移交全部监理认可文件。

1. 监理单位管理文件

（1）监理单位资质文件、管理体系文件、监理责任制、监理制度。

（2）总监理工程师企业法人授权书、监理项目部人员配备表、总监及监理人员资质证件。

（3）监理规划、监理实施细则及其他工程监理文件。

2. 工程监理控制文件

（1）施工单位承包管理体系、责任制、管理制度、施工项目部主要管理人员、特殊工种资质审查文件。

（2）分包单位资质审查文件、验收单位、试验人员资质审查文件。

（3）施工组织设计、施工技术方案（作业指导书）、安全资料措施审查文件。

（4）施工质量检验项目划分表。

（5）施工质量验收评定、隐蔽工程签证、阶段性质量检验、质量评价意见、竣工验收及评估报告文件。

（6）图纸会审、技术交底、设计变更、工程协调文件及会议纪要。

（7）质量见证取样送检实施记录。

（8）原材料、电缆、电缆附件出厂合格证、材质证明、进场检验试验报告、代用材料清单报审及签证文件。

（9）混凝土试块、钢筋焊接拉力试验及电缆耐压试验报告。

（10）旁站、平行检验记录、施工日志、大事记等记录文件。

（11）对"四新"技术论证、审核文件。

（12）材料不合格品记录、质量事故报告及处理文件。

（13）安全、环保监理文件（绿色施工记录）。

（14）工程遗留问题明细、停工令及备忘录。

（15）公司及行业要求的其他监理控制文件。

8.3.2　工程竣工后向建设单位移交资料目录

（1）监理文件。

总监或总监代表的任命书、工程监理规划、监理实施细则、监理月报、监理协调会议纪要、监理工作总结。

（2）监理各类报审文件、报批文件。

1）施工组织设计。

2）施工技术方案措施（作业指导书）。

3）施工交桩记录。

4）材料报审文件（合格证、质量证明文件、复试报告）。

5）工程试验报告（混凝土试块报告、钢筋焊接拉力试验报告、电缆局放试验报告、电缆耐压试验报告）。

6）施工机具、计量工具报审文件等。

（3）开竣工文件。

工程开工报告、单位分部工程开工报告、竣工验收报告、单位分部工程报验文件、检查记录及工程质量评估报告、竣工移交证书等。

（4）经审核后的工程竣工图。

8.4　监理工作总结

监理工作总结是针对某一监理工程项目，进入竣工验收阶段对监理工作成果、经验教训的一次全面总结，可为今后的工程提供借鉴，也是对公司监理工作的评价。

监理工作总结由项目部总监理工程师组织编制，经公司工程部、技术质量部审核修改后报公司总工程师审批。经审批的监理工作总结报送建设单位及公司存档，监理工作总结的编制工作应在竣工验收后一个月内完成。

（1）工程概述。

工程建设规模、开竣工时间、投资情况、参建单位、工程地点及主要特点。

（2）监理组织。

监理组织机构、总监及主要监理人员及装备情况。

（3）合同履约情况。

根据监理合同服务范围，简述各项目完成情况及参建单位对服务的满意程度。

（4）监理工作及成效。

阐述监理在"三控两管，一协调，一安全"方面共开展了哪些工作，采取了哪些措施，发生了什么问题，是如何解决的，取得的成效、业绩，产生了哪些典型事例。

（5）工程质量总体评估。

阐述工程监理过程中，单位分部工程的验评情况、竣工验评情况及监理对工程质量的控制情况。

（6）存在问题和建议。

监理工作存在的问题及改进建议。

8.5 工程达标投产

8.5.1 目的和意义

为了贯彻我国基本建设"百年大计、质量第一"的方针，落实《建筑工程质量管理条例》等政策法规，强化质量管理意识，全面提升工程建设质量，国家鼓励建设企业努力实现达标投产、创建优质工程目标。

8.5.2 依据

电缆线路工程执行《电力工程达标投产管理办法》及其他相关的规定。

8.5.3 达标投产考核

1. 申请达标投产考核的必备条件

（1）已按设计要求完成全部土建施工和电气施工，威胁工程安全稳定运行的所有重大问题都已解决。

（2）已按现行规程和相关的规定完成了工程整套启动试运行及性能试验项目

等全部调整试验工作，并移交生产。

（3）工程建设及运行考核期内未发生人员伤亡，3 人及以上人身重伤事故，因工程建设引发的高电压等级电网非正常停运事故以及其他（设备、设计、施工质量、火灾等）重大及以上责任事故。

（4）各分项工程质量必须全部合格，且优良率达到规程规范（或合同规定）的要求。

（5）达标投产自检时，各考核项目的方案和得分率在90%以上。

（6）在规定时间内完成自检和复检。

2. 达标投产考核程序

本节主要介绍达标投产考核程序，各公司根据本公司实际管理情况对工程的质量认定及考核程序进行规范，为公司持续发展创造条件。

工程达标投产可分为自检和复检两个阶段。

（1）自检阶段。电缆线路工程投产移交稳定运行后 3 个月内进行自检，由建设单位组织各参建单位成立考核小组，负责达标投产的自检工作。根据国家标准及行业标准等要求逐项进行检查考评，并在该工程建设单位内提出复检申请和自检报告。

（2）复检阶段。项目法人的上级单位成立达标投产考核委员会，对年度内申报的项目进行复检。复检工作的重点是检查自检工作的组织和程序是否规范，考核内容深度和广度应符合达标投产要求，以及自检整改和运行情况，并对档案资料和实物进行抽检。

（3）审核、批复。复检结束后，达标投产考核委员会对各检查项目进行评定、排名。通过达标投产的工程项目、建设项目，法人单位给以适当奖励。

3. 达标投产考核监理应完成的工作

（1）工程开工前，根据建设单位年度投产达标考核计划在监理规划中编制工程达标投产专篇，内容包括：工程中监理管控细则、各分部工程应达到的标准、工程整体应达到的质量标准及工艺要求等。

（2）达标投产自检阶段。项目监理部应按照《电力工程达标投产管理办法》中监理为责任单位的项目要求内容进行考核准备，做好各种监理文件和工程监理认可及资料的整理，迎接检查组考核。

（3）达标投产复检阶段。项目监理部应事先准备好向复检单位进行监理汇报的文件资料和监理工作报告。监理工作报告主要内容包括：工程概况、监理采取的措施、如何进行"三控两管，一协调，一安全"工作，对该工程设计、施工的总体评价、监理在安全文明施工中的主要管理办法，以及监理在建设中取得的成效和业绩等。

参 考 文 献

[1] 方新强，吴巧玲. 盾构构造及应用［M］. 北京：人民交通出版社，2011.

[2] 杨文威. 城市电力电缆隧道工程建设［M］. 北京：中国电力出版社，2013.

[3] 孙巍，张冬梅，姜向红. 明挖法对既有大直径盾构隧道影响保护的理论与实践［M］. 上海：同济大学出版社，2014.

[4] 山西锦通工程项目管理咨询有限公司，山西省电力建设工程质量监督中心站. 电力建设工程监理手册 变电站工程卷［M］. 北京：中国电力出版社，2010.

[5] 沈黎明. 电力电缆施工运行与维护［M］. 北京：中国电力出版社，2013.

[6] 王伟，等. 交联聚乙烯绝缘电力电缆技术基础［M］. 3 版. 西安：西北工业大学出版社，2011.

[7] 山西省电力公司，电力电缆［M］. 北京：中国电力出版社，2011.

[8] 丛新远，等. 接地设计与工程实践［M］. 北京：机械工业出版社，2014.

[9] 刘刚，刘毅刚. 高压交联聚乙烯电缆试验及维护技术［M］. 北京：中国电力出版社，2012.

[10] 陈锦平. 建设工程监理概论［M］. 西安：西安交通大学出版社，2016.